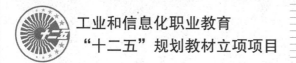

工业和信息化职业教育
"十二五"规划教材立项项目

中等职业教育
改革发展示范学校创新教材

数控铣工工艺与技能

The Processing Technology
& Skill of CNC Milling Machine

◎ 孙伟城 主编

◎ 温石化 张钧 王晋波 副主编

◎ 肖建章 主审

人民邮电出版社
北京

精品系列

图书在版编目（CIP）数据

数控铣工工艺与技能 / 孙伟城主编. -- 北京：人
民邮电出版社，2016.7
中等职业教育改革发展示范学校创新教材
ISBN 978-7-115-36964-2

Ⅰ. ①数… Ⅱ. ①孙… Ⅲ. ①数控机床－铣床－中等
专业学校－教材 Ⅳ. ①TG547

中国版本图书馆CIP数据核字(2014)第204837号

内 容 提 要

本书以培养数控铣工初、中、高级技能人才为目标，以培养学生的数控铣削加工工艺设计和程序编制技能为核心，以学习任务为导向，以 FANUC 数控系统为主、详细介绍了数控铣削加工工艺设计、数控铣床/加工中心的编程、操作等内容。

本书以培养职业岗位能力为目的，按照基本工作过程的"五步法"组织设计，具体教学设计过程按照：情境创设（任务导入）→组织实施（任务实施）→考核评价（任务评价）→知识拓展→相关知识（任务指导）五步法来组织实施。书中介绍的数控铣削加工内容，也适用于钻削加工、镗削加工、磨削加工等刀具旋转的切削加工。

本书可作为中、高等职业技术学院数控技术应用类、模具设计与制造类、机械制造及自动化类等机械类专业的教学用书，也可作为有关技术人员、数控机床编程与操作人员的参考书。

◆ 主　编　孙伟城
　　副主编　温石化　张　钧　王晋波
　　主　审　肖建章
　　责任编辑　刘盛平
　　责任印制　杨林杰
◆ 人民邮电出版社出版发行　　北京市丰台区成寿寺路 11 号
　　邮编　100164　电子邮件　315@ptpress.com.cn
　　网址　http://www.ptpress.com.cn
　　大厂聚鑫印刷有限责任公司印刷
◆ 开本：787×1092　1/16
　　印张：13.5　　　　　　　　　2016 年 7 月第 1 版
　　字数：347 千字　　　　　　　2016 年 7 月河北第 1 次印刷

定价：36.00 元
读者服务热线：(010)81055256　印装质量热线：(010)81055316
反盗版热线：(010)81055315

前言
PREFACE

随着数控技术的发展和数控机床的广泛应用，对数控机床的编程和操作方面的人才需求大幅增加，零部件制造行业等缺乏大批技能人才。本书主要从数控铣床系统的功能使用和数控铣削编程加工的应用两个方面来满足使用者的需求，书中介绍的数控铣削加工内容，也适用于钻削加工、镗削加工、磨削加工等刀具旋转的切削加工。

本书根据数控铣工职业岗位进行工作任务的分解，不仅能够培养学生够用的数控铣床/加工中心操作和加工工艺编制基础知识和基本技能，运用基础知识和技能完成实际工作任务的专业能力，还能够全面培养其团队合作、沟通表达、工作责任心、职业规范与职业道德等综合素质，使学生通过学习过程掌握工作岗位所需要的各项技能和相关专业知识。

在编写本书时，编者以培养数控铣工初、中、高级技能人才为目标，其总体设计的思路是通过和企业多年来的合作，及深入的调查，根据企业的需求所涉及的专业知识和操作能力来进行深度分析，归纳本专业数控加工工作岗位所需要的岗位职业能力，以来自珠三角精密制造业的各种典型零件、广东省技能鉴定中心考证零件为载体，以学习任务为导向；以培养职业岗位能力为目的，按照基本工作过程的"五步法"组织设计，具体教学设计过程按照情境创设（任务导入）→组织实施（任务实施）→考核评价（任务评价）→知识拓展→相关知识（任务指导）来组织实施。

本书的参考学时为 300 学时，建议采用理论实践一体化教学模式，各任务的参考学时见下面的学时分配表。

学时分配表

任　务	课　程　内　容	学　时	任　务	课　程　内　容	学　时
基础阶段			中、高级阶段		
任务一	安全教育	6	任务九	夹具的选择与校正	6
任务二	数控铣床结构与维护	6	任务十	齿轮底座底面加工	18
任务三	数控铣床的操作	6	任务十一	齿轮底座正面加工	18
任务四	简单轮廓零件的加工	30	任务十二	齿轮转台加工	24
任务五	刀具半径补偿功能的应用	30	任务十三	手机壳模型加工一	30
任务六	圆弧曲线轮廓的加工	30	任务十四	手机壳模型加工二	30
任务七	子程序功能的应用	30	任务十五	考证零件训练	24
任务八	固定循环指令的应用	12			
小计		150	小计		150
课时总计		300			

本书由孙伟城主编，温石化、张钧和王晋波任副主编，姚德强、庄日道参编。其中，孙伟城

写了任务三、任务九、任务十和任务十一的内容，温石化和王晋波编写了任务十二、任务十三、任务十四和任务十五的内容，张钧编写了任务四、任务五和任务六的内容，姚德强编写了任务一、任务二、任务七和任务八的内容。此外，本书在编写过程中，得到了肖建章主任的大力支持和帮助，在此深表感谢。

    由于编者水平和经验有限，书中难免有欠妥和错误之处，恳请读者批评指正。

编　者

2016 年 2 月

目 录

任务一 1 安全教育

■ **本任务学习目标**

1. 理解安全文明生产对企业的重要性。

2. 熟练掌握数控铣床操作规程。

3. 完全理解 6S 管理的重要性。

■ **本任务建议课时**

6 学时。

■ **本任务工作流程**

1. 新课导入。

2. 检查讲评学生完成导读工作页情况。

3. 操作机床进行安全认识示范教育。

4. 组织学生安全文明生产实习。

5. 巡回指导学生实习。

6. 对综合案例及影像资料进行理论讲解。

7. 组织学生讨论"拓展问题"。

8. 完成本任务学习测试。

9. 测试结束后，组织学生填写活动评价表。

10. 小结学生学习情况

■ **本任务教学准备**

1. 设备：数控铣机床 10～15 台。

2. 工具：本任务学习测试资料。

3. 辅具：影像资料及课件。

课前导读

请完成表 1-1 中的内容。

表 1-1 课前导读

序 号	实 施 内 容	答 案 选 择
1	在实习中你是否穿戴好劳动保护用品？	有过□ 没有□ 经常□
2	学生（ ）在实习场所抽烟。	不能□ 能□
3	老师在实习传授技能时，是否认真在用心记忆？	认真□ 不认真□

续表

序　号	实 施 内 容	答 案 选 择
4	安全与学习哪个重要？	安全□　　学习□
5	上课老师批评你时，你是反感还是乐意接受？	反感□　　乐意接受□　　无所谓□
6	6S管理与安全文明生产无关？	对□　　错□
7	数控铣床不需要操作回参考点？	对□　　错□
8	随意更改数控系统内制造厂设定的参数？	有□　　无□
9	实习时发现异常，不用阻止但要立即报告任课老师，对吗？	对□　　错□
10	实习时，同学之间发生争吵，与我没关系？	有□　　无□

情景描述

图1-1所示为安全教育图片。

图1-1　安全教育图片

任务实施

生产实习安全是进行正常生产实习教学的保证，是关系到人身、设备等安全的大事。同学们都是父母的掌中宝，家庭的"小太阳"，是经济建设蓝领队伍中的生力军，是国家的希望。"生命只有一次"，要树立"安全第一"思想，保护自己生命健康及集体财产的安全。希望同学们保持这份清醒的头脑，在学习上勤勉刻苦，意识上立志成才，不辜负老师的殷切希望，以新的姿态和面貌去迎接新的挑战，向新的目标和任务去努力奋斗，祝大家取得新的荣誉。

■ 任务实施一　安全文明生产教育

（1）按规定穿戴好劳动保护用品。

（2）学生进入实习场地时，衣着打扮要讲整洁，言行举止讲礼貌，用电用水讲节约。

（3）不准随地吐痰，不乱丢纸屑果壳，不乱吐口香糖，不在墙壁、课桌、工作服上乱画。

（4）不准携带烟火进入实习场地，禁止在公共场所抽烟。

（5）所有工作场地应整齐、清洁，通道应平坦畅通。

（6）工件、材料、产品等物品摆放整齐，符合安全卫生等要求。

（7）进入数控实习工厂后，应服从安排、听从指挥，不得擅自启动或操作铣床数控系统。

（8）操作数控系统时，对各按键及开关的操作不得用力过大或用扳手和其他工具进行操作。

（9）数控铣削加工过程是自动进行的，但不属于无人加工性质，操作者应经常观察加工情况，不允许随意离开生产岗位。

（10）保持数控机床周围的环境整洁。

（11）严格遵守数控机床的安全操作规程，熟悉数控机床的操作顺序。

■ 任务实施二　数控铣工安全文明操作规程

（1）机床通电后，必须操作机床回零（机床参考点），若某轴在回零前已在零位，将该轴移动离零点一段距离后，再进行手动回零，回到零点位置后 XYZ 轴指示灯如图 1-2 所示。

（2）编写程序应注意抬刀高度，防止加工完毕后返回时刀具碰撞工件，图 1-3 所示为相关高度。

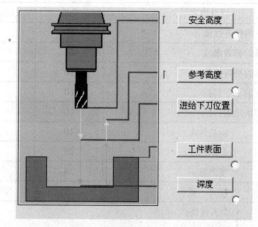

图 1-2　回零后的 XYZ 轴指示灯　　　　图 1-3　编程的相关安全高度

（3）完成对刀后，要做模拟加工过程试验，以防止正式操作时发生撞刀、损坏工件或设备等事故。

（4）试切加工前，进给倍率旋钮和快速倍率按键必须打到最低挡，如图 1-4、图 1-5 所示。

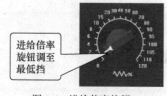

图 1-4　进给倍率旋钮　　　　　　　　图 1-5　快速倍率按键

（5）正确测量和计算工件坐标系，并对所得结果进行验算。

（6）程序输入后，应认真核对，保证无误，其中包括对代码、指令、地址、数值、正负号、小数点及语法的查对。

（7）程序修改后，对修改部分一定要仔细计算和认真核对。

（8）加工工件前，应空运行一次程序，看程序能否顺利执行、刀具长度的选取、夹具的安装是否合理，有无超程现象。

（9）不得随意更改数控系统内制造厂设定的参数。

（10）机床空运转应达到 15min 以上，使机床达到热平衡状态。

（11）在运行程序中，观察数控系统上的坐标显示，可了解当前刀具运动点在机床坐标系及工作坐标系中的位置；了解程序段的位移量，还剩余多少位移量等。

任务考核

请对照任务考核表（见表 1-2）评价完成任务结果。

表 1-2 　　　　　　　　　　　任务考核

课程名称		数控铣工工艺与技能		任务名称	安全教育		
学生姓名				工作小组			
评分内容			分值	自我评分	小组评分	教师评分	得分
任务质量	工具的整齐摆放		10				
	刀具的整齐摆放		10				
	毛坯的整齐摆放		10				
	机床的卫生打扫		10				
	实习场地的打扫		10				
团结协作			10				
劳动态度			20				
安全意识			20				
权　重				20%	30%	50%	
总体评价	个人评语：						
	教师评语：						

相关知识

■ 相关知识一　生产实习教学安全实习宣传资料

1．五勤

（1）脑勤。

（2）眼勤。

（3）嘴勤。

（4）手勤。

（5）脚勤。

2．操作前要"一想二查三严格"

（1）一想：想当天生产中有哪些不安全因素，以及如何处置，做到把安全放在首位。

（2）二查：查工作场所、机械设备、工具材料是否符合安全要求，有无隐患。如果发现有松动、变形、裂缝、泄漏或听到不正常声音时，应立即停车并通知有关技术人员检修，确认各种机械设备、电器装置在安全状态下使用。还要查自己的操作是否会影响周围人的安全，以及防范措施是否妥当。

（3）三严格：要严格遵守安全制度；严格执行操作规程；严格遵守劳动纪律，遵守操作规程，保证安全生产。

■ 相关知识二　生产实习教学十不准

（1）不准闲谈打闹。

（2）不准擅离工作岗位。

（3）不准干私活。

（4）不准私带工具出车间。

（5）不准乱丢乱放工具、量具。

（6）不准生火烧火。

（7）不准让设备带病工作。

（8）不准擅自拆修电器。

（9）不准乱拿别人的工具、材料。

（10）不准顶撞老师和指导师傅。

■ 相关知识三　实习伤害事故的成因与对策

实习伤害事故的原因主要有下面几方面。

（1）心理准备不充分。实习前，学生对实习工作过程和生产环境的认识不够充分。在实习现场对各种情况存有较大的好奇，对可能遇到的种种困难、问题与突发事件，缺乏应有的心理准备。因此，一旦遇到突发事件，变得手足无措，从而因操作失误导致事故发生。

（2）安全意识淡薄。同学们对于学校及老师的安全教育，缺乏足够的重视，觉得指导老师的强调示范比较简单，认为自己已完全掌握，高估自己的能力。在动手之前缺乏应有的心理准备，对于实习伤害事故的危害性认识不够深刻，事情发生后不重视，处理不当。

（3）操作技能水平低。实习生的职业技能水平及对操作规程的了解，直接影响系统的安全运行与操作的可靠性。尤其是当面对突发事件时，实习者的职业技能水平决定了对事故的判断与操作行为的决策，并决定了事故控制处理的成败及事故后果的严重程度。这说明技能的熟练程度和高低影响生产安全。

应对实习伤害事故的措施主要有以下几点。

（1）树立安全意识。安全无小事。增强安全意识，在设备运行前、运行中必须进行安全检查，防止设备带故障运行。安全实习是第一要务，要牢固树立安全意识，安全是不能马虎的，一时的疏忽可能影响一生。

（2）彻底贯彻规章制度。严格遵守安全操作规程是实习的第一课，也是指导教师反复强调的。我们有健全的制度，而且挂在墙上了，但如果不去执行，那将形同虚设。养成良好的操作习惯，杜绝违章作业和不良的工作习惯，在就业后也会受益终身。

（3）练就高超专业技能。在学校期间，要努力掌握所学技能，加强技能训练，提升操作技能，熟练操作规程与操作程序，做到心中有数。面对突发事件，能够沉着应对，运用所学专业知识与技能，及时制止可能发生的事故，保护自身安全，是我们成才立业的根本。

知识拓展

■ 知识拓展一

6S 现场管理

6S 现场管理方法起源于 20 世纪末的日本企业，是日本企业独特的一种管理方法。最初，日本企业将 5S 运动作为工厂管理的基础，从而推行各种质量管理手法。他们在追求效率的过程中，循序渐进，从基础做起，首先在生产现场中将人员、机器、材料、方法等生产要素进行有效的管理，针对企业中每位员工的日常行为各方面提出要求，倡导从小事做起，力求使每位员工都养成事事"讲究"的习惯，从而达到提高整体工作质量的目的。

6S 在原来 5S 的基础上增加了安全（safety）要素，形成 6S。所谓 6S 指的就是：SEIRI（整理）、SEITON（整顿）、SEISO（清扫）、SEIKETSU（清洁） SHITSUKE（素养）、SAFETY（安全）这六项，因为六个单词前面发音都是"S"，所以统称为"6S"。

1. 整理

就是彻底地将要与不要的东西区分清楚，并将不要的东西加以处理，它是改善生产现场的第一步。需对"留之无用，弃之可惜"的观念予以突破，必须挑战"好不容易才做出来的"、"丢了好浪费"、"可能以后还有机会用到"等传统观念。经常对"所有的东西都是要用的"观念加以检讨。

整理的目的是改善和增加作业面积；现场无杂物，行道通畅，提高工作效率；消除管理上的混放、混料等差错事故；有利于减少库存，节约资金。

2. 整顿

把经过整理出来的需要的人、事、物加以定量、定位。简言之，整顿就是人和物放置方法的标准化。整顿的关键是做到定位、定品、定量。抓住了这三个要点，就可以制作看板，做到目视管理，从而提炼出适合本企业的东西放置方法，进而使该方法标准化。

3. 清扫

就是彻底地将自己的工作环境四周打扫干净，设备异常时马上维修，使之恢复正常。

清扫活动必须按照要求确定清扫对象、清扫人员、清扫方法、准备清扫器具、实施清扫的步骤实施，方能真正起到效果。

清扫活动应遵循下列原则。

（1）自己使用的物品，如设备、工具等，要自己清扫，而不要依赖他人，不增加专门的清扫工。

（2）对设备的清扫，着眼于对设备的维护保养，清扫设备要将设备的点检和保养结合起来。

（3）清扫的目的是为了改善，当清扫过程中发现有油水泄漏等异常状况发生时，必须查明原因，并采取措施加以改进，而不能听之任之。

4．清洁

这是指对整理、整顿、清扫之后的工作成果要认真维护，使现场保持完美和最佳状态。清洁，是对前三项活动的坚持和深入。

清洁活动实施时，需要秉持下面三个观念。

（1）只有在"清洁的工作场所才能生产出高效率、高品质的产品。

（2）清洁是一种用心的行为，千万不要只在表面下工夫。

（3）清洁是一种随时随地的工作，而不是上下班前后的工作。

清洁活动的要点规则是：坚持下面的"三不要"原则。

（1）不要放置不用的东西，不要弄乱，不要弄脏。

（2）不仅物品需要清洁，现场工人同样需要清洁。

（3）工人不仅要做到形体上的清洁，而且要做到精神上的清洁。

5．素养

要努力提高人员的素养，养成严格遵守规章制度的习惯和作风。素养是"6S"的核心，没有人员素质的提高，各项活动就不能顺利开展，就是开展了也坚持不下去。

6．安全

就是要维护人身与财产不受侵害，以创造一个零故障、无意外事故发生的工作场所。实施的要点是：不要因小失大，应建立、健全各项安全管理制度；对操作人员的操作技能进行训练；勿以善小而不为，勿以恶小而为之，全员参与，排除隐患，重视预防。

■ 知识拓展二

6S 管理对一个企业的管理起着什么作用？

■ 现场整理及设备保养

请对照现场整理及设备保养表（见表 1-3）完成任务。

表 1-3　　　　　　　　　　现场整理及设备保养表

| 1．打扫实习场地卫生，清理工、量、刀具等进行分类归位 |
| 2．按照机床日常维护保养要求对机床每天保护 |
| 3．按照安全文明生产要求整理实习场地 |
| 4．认真检查关水、关电、关门 |

2 数控铣床结构与维护

■ **本任务学习目标**

1. 理解数控机床结构。

2. 熟练掌握数控铣床相关部件的作用。

3. 理解数控机床的维护保养的重要意义。

4. 熟练掌握数控铣床维护保养要点。

■ **本任务建议课时**

6 学时。

■ **本任务工作流程**

1. 新课导入。

2. 检查讲评学生完成导读工作页情况。

3. 实习现场进行数控铣床结构示范讲解。

4. 综合案例及影像资料相关知识进行理论讲解。

5. 组织学生实习数控机床结构部件原理作用。

6. 巡回指导学生实习。

7. 组织学生讨论"拓展问题"。

8. 完成本任务学习测试。

9. 组织学生填写活动评价表。

10. 小结学生学习情况。

■ **本任务教学准备**

1. 设备：数控铣床 10～15 台。

2. 工具：机油、扳手一套。

3. 辅具：影像资料及课件，本任务学习测试资料。

课前导读

请完成表 2-1 中的内容。

表 2-1　　　　　　　　　　　　　课前导读

序　号	实施内容	答案选择	
1	机床周围环境太脏，灰尘太多，对机床的正常运行会影响吗？	会影响□	不会影响□
2	应尽量多开数控柜和强电柜的门，使数控柜里电器元件散热通风？	对□	错□
3	数控系统长期不用时，不要经常给系统通电？	对□	错□

续表

序　号	实 施 内 容	答 案 选 择	
4	机床停在某一位置不能动，甚至手动操作也失灵，往往属于哪类故障？	无诊断显示故障□	诊断显示故障□
5	机床在返回基准点时发生超程报警，无减速动作，属于哪类故障？	进给传动链故障□	机床回零故障□
6	可以更改数控系统内制造厂设定的参数？	对□	错□
7	同学提前离开实习场回宿舍与我无关吗？	有□	无□
8	遇到学习难题不应退缩，对吗？	对□	不对□
9	学习数控铣床加工技能，对你今后的工作是否有帮助？	没有□	有□
10	一个人的素质好坏与安全文明有关吗？	没有□	有□

情景描述

　　在生产时或实习过程中，机床常发生故障，影响生产和实习，导致没有按时生产出产品或无法完成实习课题时，你会有什么样的体会和感受？

　　为了使数控铣床保持良好状态，除了发生事故应及时修理外，坚持经常的维护保养是十分重要的。坚持定期检查，经常维护保养，可以把许多故障隐患消灭在发生之前，防止或减少事故的发生。不同型号的数控铣床要求不完全一样，对于具体情况应进行具体分析。

任务实施

　　本任务主要让学生了解数控机床对主传动系统、进给传动系统的要求，熟悉滚珠丝杠螺母副、数控机床的导轨，为学生初步具有设计机床传动系统的能力打下基础。

■ 任务实施一　数控铣床的结构组成

　　数控铣床的机械结构组成如图 2-1 所示。

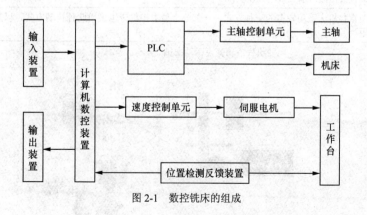

图 2-1　数控铣床的组成

■ 任务实施二　数控铣床机械结构

1．主传动运动的变速系统

目前，数控机床的主传动电机大都不再使用普通交流异步电机和传统的直流调速电机，而是被交流变频调速伺服电机和直流伺服调速电机代替。数控机床的主运动要求有较大的调速范围，以保证加工时能选用合理的切屑用量，从而获得最佳的生产率、加工精度和表面质量。数控机床变速时是按照控制指令自动进行的，因此变速机构必须适应自动操作的要求。为了确保低速时的扭矩，有的数控机床在交流和直流电机无级变速的基础上配以齿轮变速。数控机床主传动主要有三种配置方式。

（1）通过同步带传动的主传动的特点、应用及示意图如图 2-2 所示。

表 2-2	同步带传动的主传动
特点	电机采用性能较好的直流主轴电机，其变速范围宽，最高转速可达 8000r/min，且控制功能丰富，可满足中高速控机床的控制要求
应用	主要应用在小型数控机床上，可以避免齿轮传动引起的振动与噪声。但它只能适用于低扭矩特性要求的主轴
示意图	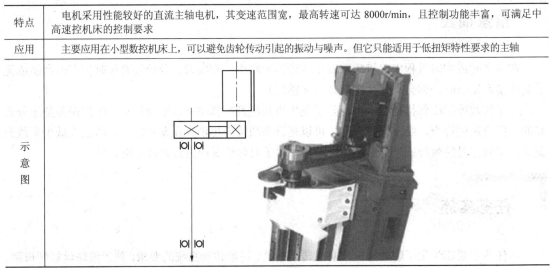

（2）带有变速齿轮的主传动的特点、应用及示意图如表 2-3 所示。

表 2-3	带有变速齿轮的主传动
特点	通过少数几对齿轮减速，扩大了输出扭矩，以满足主轴对输出扭矩特性的要求，滑移齿轮的移位大都采用液压拨叉或直接由液压油缸带动齿轮实现
应用	大、中型数控机床采用较多的一种方式，一部分小型数控机床也采用此种传动方式，以获得强力切屑时所需要的扭矩
示意图	电动机经齿轮变速传动主轴　　主轴电动机

（3）由调速电机直接驱动的主传动的特点、应用及示意图如图 2-4 所示。

表 2-4　　　　　　　　　　　　　调速电机直接驱动的主传动

特点	这种主传动方式大大简化了主轴箱体与主轴的结构，有效地提高了主轴部件的刚度。但主轴输出扭矩小，电机发热对主轴的精度影响较大。其优点是主轴部件结构紧凑、重量轻、惯性小，可提高启动、停止的响应特性，有利于控制振动和噪声；转速高，目前最高可达 200000r/min。其缺点是电机运转产生的振动和热量将直接影响到主轴，因此，主轴组件的整机平衡、温度控制和冷却是内装式电机主轴的关键问题。电主轴又称内装式主轴电机，即主轴与电机转子合为一体
应用	中小型数控机床，要求高精度，高速数控机床
示意图	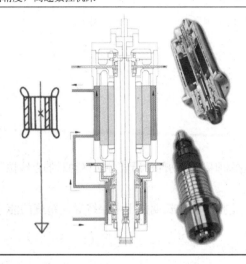

2．数控铣床的进给传动系统

滚珠丝杠螺母副是数控铣床常用的进给传动装置，如图 2-2 所示。

（1）滚珠丝杠螺母副的特点如下。

① 传动效率高，摩擦损失小。

② 给予适当预紧，定位精度高。

③ 运动平稳，无爬行现象，传动精度高。

④ 磨损小，使用寿命长。

⑤ 制造工艺复杂，不能自锁。

（2）滚珠丝杠螺母副的应用。为了提高进给系统的灵敏度、定位精度和防止爬行，必须降低数控机床进给系统的摩擦并减少静、动摩擦系数之差。因此，形成不太长的直线运动机构常用滚珠丝杠副。

滚珠丝杠副的传动效率高达 85%～98%，是普通滑动丝杠副的 2～4 倍。滚珠丝杠副的摩擦角小于 1°，因此不自锁。如果滚珠丝杠副驱动升降运动（如主轴箱或升降台的升降），则必须有制动装置。

滚珠丝杠的静、动摩擦系数实际上几乎没有什么差别。它可以消除反向间隙并施加预载，有助于提高定位精度和刚度。

（3）滚珠丝杠螺母副的循环方式。

① 外循环：滚珠在循环过程中有时与丝杆脱离接触的称为外循环，如图 2-3 所示。

② 内循环：滚珠在循环过程中始终与丝杆保持接触的称为内循环，如图 2-4 所示。

图 2-2 滚珠丝杠螺母副示意图

图 2-3 外循环

图 2-4 内循环

3．数控铣床的导轨

（1）导轨的功能。

① 支承。

② 导向。

（2）导轨的基本要求。

① 导向精度。它是指机床的运动部件沿着导轨移动时的直线性和它与有关基面之间相互位置的准确性。

② 精度保持性。它是指导轨在长期使用中保持导向精度的能力。

③ 低速运动平稳性。

④ 结构简单，工艺性好。

⑤ 足够的刚度和强度。

（3）导轨的种类及特点。

① 塑料滑动导轨。塑料导轨（见图 2-5）的特点如下。

（a）摩擦因数低而稳定。

（b）吸收振动。

（c）化学稳定性好

（d）维护修理方便

② 滚动导轨。滚动导轨（见图 2-6）的特点如下。

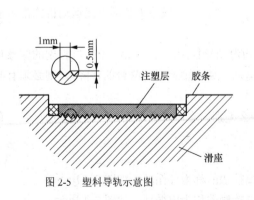
图 2-5 塑料导轨示意图

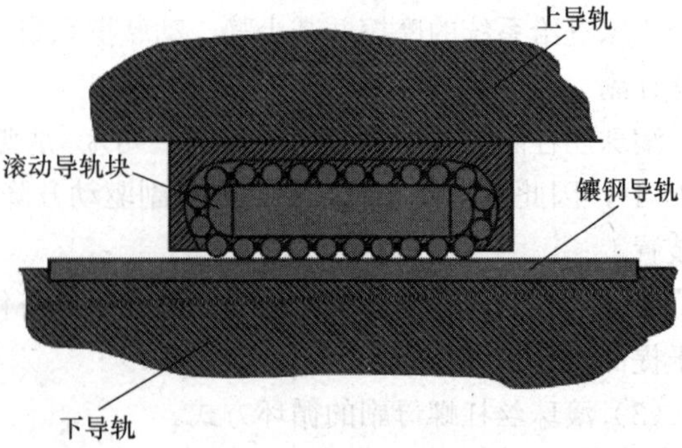

图 2-6 滚动导轨示意图

（a）摩擦发热少，精度保持良好。

（b）不易出现爬行现象，定位精度高。

（c）运动平稳、灵敏。

（d）结构复杂，制造困难，成本高。

③ 静压导轨。

静压导轨（见图 2-7）的工作原理：将具有一定压力的润滑油，经节流器输入到导轨面上的油腔，即可形成承载油膜，使导轨面之间处于纯液体摩擦状态。

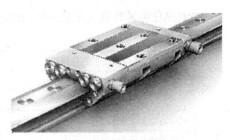

静压导轨的优点：导轨运动速度的变化对油膜厚度的影响很小；载荷的变化对油膜厚度的影响很小；液体摩擦，摩擦系数仅为 0.005 左右，油膜抗振性好。

图 2-7　静压导轨示意图

静压导轨的缺点：导轨自身结构比较复杂；需要增加一套供油系统；对润滑油的清洁程度要求很高。

主要应用：精密机床的进给运动和低速运动导轨。

■ 任务实施三　数控铣床日常维护保养

（1）定期检查、清洗自动润滑系统，及时添加或更换油脂、油液，使丝杠导轨等各运动部位始终保持良好的润滑状态，以降低机械的磨损速度。

（2）经常清扫卫生，如果机床周围环境太脏，粉尘太多，均会影响机床的正常运行；电路板上太脏，可能产生短路现象，造成故障。所以必须定期进行卫生清扫。

（3）应尽量少开数控柜和强电柜的门，定时清扫数控柜的散热通风系统。

（4）数控系统长期不用时的维护，要经常给系统通电，特别是在环境湿度较高时的梅雨季节更是如此。

（5）在操作时应保持控制面板干净，防止油脂或杂物对面板按键腐蚀导致失灵等。

数控机床日常维护方法如表 2-5 所示。

表 2-5　　　　　　数控机床日常维护（填写未完成的点检周期次数）

序号	点检部位	点检标准	点检方法	点检周期		
				每日	每周	每月
1	电箱散热装置	清洁无油污及无尘	目视检查		1 次	
2	润滑系统	位于油标上下限之间	目视检查			
3	气缸润滑单元	位于油标上下限之间	目视检查（半年检查一次）			
4	主轴配重链	紧固及润滑良好	检查拧紧及加注黄油			1 次
5	冷却系统	无油污及铁屑	加注或更换冷却液	1 次		
6	伺服电机	紧固螺丝	检查拧紧（维修人员半年检一次）			
7	Y 轴	无油污及铁屑	清扫铁屑及油污			
8	刀库	清洁及声音无异常	声音无异常及清扫铁屑			
9	丝杆	清洁润滑良好	目视检查			1 次
10	主轴锥孔	清洁无铁屑	目视检查（用布进行清理）			
11	冷却液排水口	清洁无铁屑	目视检查			
12	压力表	压力在 0.4～0.6MP，清洗过滤网	目视检查	1 次		

任务考核

请对照任务考核表（见表 2-6）评价完成任务结果。

表 2-6   任务考核

课程名称	数控铣工工艺与技能		任务名称	数控铣床结构与维护		
学生姓名			工作小组			
评分内容		分值	自我评分	小组评分	教师评分	得分
任务质量	机床运动部位的保养	10				
	机床的冷却系统保养	10				
	机床的主轴润滑	10				
	机床的润滑油路清洗	10				
	机床的导轨润滑	10				
	团结协作	10				
	劳动态度	20				
	安全意识	20				
	权重		20%	30%	50%	
总体评价	个人评语：					
	教师评语：					

相关知识

■ 相关知识一   数控机床常见故障的分类及处理

1. 常见故障的分类

数控机床由于自身原因不能正常工作，就是产生了故障。机床故障可分为以下几种类型。

（1）系统故障和随机故障。

① 系统故障是指机床和系统在某一特定条件下必然出现的故障容易排除的故障。

② 随机故障是指偶然出现的故障，不容易排除的故障。

（2）诊断显示故障和无诊断显示故障。

① 诊断显示故障：数控系统具有自动诊断功能，出现故障时会停机、报警并自动显示相应报警参数号，较容易找到故障原因，容易排除故障。

② 无诊断显示故障：无诊断显示故障，往往机床停在某一位置不能动，甚至手动操作也失灵，维护人员只能根据故障出现前后的现象来分析判断，不容易排除故障。

（3）破坏性故障和非破坏性故障。

① 破坏性故障：如失控造成撞车，短路烧断熔丝等，不容易排除故障。

② 非破坏性故障：可多次反复试验至排除，不会对机床造成危害，容易排除故障。

（4）机床运动特性质量故障。故障发生后机床照常运行，也没有任何报警显示，但加工出来的工件不合格，不容易排除故障。

2．故障常规处理方法

数控铣床出现故障，除了少量自诊断功能可以显示的故障外，大部分故障是由于综合因素引起的，往往不能确定其具体原因。一般按以下步骤常规处理。

（1）充分调查故障现场：数控机床发生故障后，维护人员应仔细观察显示自诊断报警情况，了解操作人员现场情况和现象。

（2）造成故障的原因全部列出：机械的、电气的、控制系统。

（3）确定故障产生的原因：根据故障现象，参考机床有关维护使用手册，找出导致故障的确定因素。

（4）故障的排除：对症下药，修理、调整和更换有关元件。

3．常见机械故障的排除

（1）进给传动链故障：导轨普遍采用滚动摩擦副，进给传动故障大部分是由运动质量下降造成的，导致定位精度、反向间隙过大等。可通过调节松动环节和补偿环节来消除故障。

（2）机床回零件故障：机床在返回基准点时发生超程报警，无减速动作。检查限位块扩信号线。

（3）机床不能运动或加工精度差：综合故障，调节间隙补偿，检查各轴进给是否有爬行。

■ 相关知识二　数控机床工作原理

1．工作原理

数控机床是用数字化的信息来实现自动控制的，先将与加工零件有关的信息，用规定的文字、数字和符号组成的代码，按一定的格式编写成加工程序，然后将加工程序通过控制介质输入到数控装置中，由数控装置经过分析处理后，发出各种与加工程序相对应的信号各指令，控制机床进行自动加工。

2．数控机床工作原理

数控机床工作原理如图2-8所示。

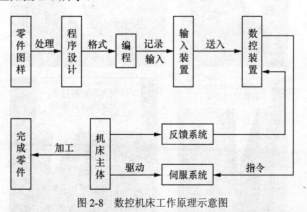

图2-8　数控机床工作原理示意图

■ 相关知识三　数控机床长期没有及时日常维护的常见故障

数控机床长期没有及时进行日常维护的常见故障，如图2-9所示。

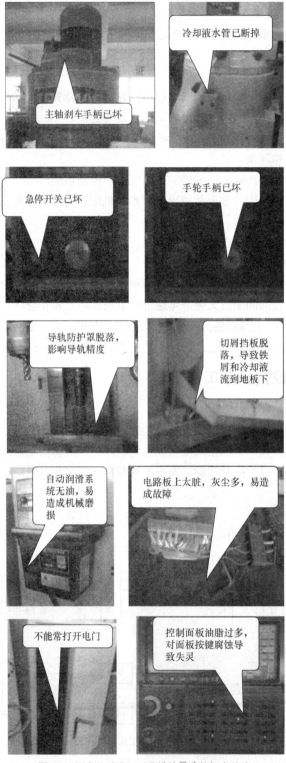

图 2-9　因未及时进行日常维护导致的机床故障

知识拓展

（1）数控铣床机械结构组成部件与其作用。

（2）数控铣床各传动系统的特点与原理。

（3）数控系统结构与原理。

■ 现场整理及设备保养

请对照现场整理及设备保养表（见表 2-7）完成任务。

表 2-7   现场整理及设备保养表

1．打扫实习场地卫生，清理工、量、刀具等进行分类归位
2．按照机床日常维护保养要求对机床每天保护
3．按照安全文明生产要求整理实习场地
4．认真检查关水、关电、关门

任务三 3 数控铣床的操作

■ **本任务学习目标**

1. 熟悉数控铣床面板操作。

2. 熟练机床的对刀过程。

3. 能对程序进行编辑。

■ **本任务建议课时**

12 学时。

■ **本任务工作流程**

1. 导入新课。

2. 检查讲评学生完成导读工作页情况。

3. 针对数铣面板，进行面板介绍和对刀作业示范。

4. 结合数铣面板实物及仿真软件，进行理论讲解。

5. 组织学生对刀和程序编辑作业实习。

6. 任务检查及指导。

7. 组织学生讨论"拓展问题"。

8. 完成本任务的对刀测试。

9. 测试结束后，组织学生填写活动评价表。

10. 小结学生学习情况。

■ **本任务教学准备**

名　　称	型号、规格	数　　量
数控铣床	FANUC 0i-M	15 台
铣刀	立铣刀 $\phi8$	15 把
弹簧夹头	BT40　RE32	15 个
弹簧夹套	RE32　$\phi7$-8	15 个
量具	带表游标卡尺（0～200mm）	15 把
辅助工具	平口虎钳、虎钳扳手、垫铁	各 15 个
铝块（Al：2024）	45mm×45mm×30mm	15 块

课前导读

请完成表 3-1 中的内容。

表 3-1　　　　　　　　　　　　课前导读

1	▣键是？	EDIT□	AUTO□	MDI□
2	▣键是？	自动□	手动□	电动□
3	◈键是？	EDIT□	AUTO□	MDI□
4	◈键是？	EDIT□	AUTO□	MDI□
5	◈键是？	手动模式□	手轮模式□	增量模式□
6	◈键是？	手动模式□	手轮模式□	增量模式□
7	◈键是？	手动模式□	手轮模式□	增量模式□
8	▣键是？	循环启动□	暂停□	程序停止□
9	◎键是？	循环启动□	暂停□	程序停止□
10	◎键是？	循环启动□	暂停□	程序停止□
11	开机后一定要回零吗？	对□		错□
12	开机后可以直接按主轴正转来启动吗？	对□		错□
13	回零一定是在开机后吗？	对□		错□
14	回零时，回零方向一定是正方向吗？	对□		错□
15	回零时，最好先回 Z 轴？	对□		错□
16	回零时，快速倍率最好调到最快？	对□		错□
17	轴停在任何位置都能回零？	对□		错□
18	关机时，可以直接拉下电源总闸？	对□		错□
19	移动轴时，只有一种模式可以使用？	对□		错□
20	对刀时，一般采用手轮模式？	对□		错□
21	一般对刀方法有几种？	一种□　　二种□	三种□	四种□
22	急停键和复位键功能一样的？	对□		错□

情景描述

　　实习的第一天，同学们上了一堂安全课并参观了数铣机床后都在议论纷纷，有位同学问老师："数铣实习是不是很难很危险呢？这么复杂如何学起啊！"于是老师当天就给那位同学讲了许多知识。你想知道老师给那位学生讲些什么吗？不妨看看下面就知道了。

任务实施

训练一　数控铣床的面板操作

■ 任务实施一　数控铣床开关机操作

请填写表 3-2 空白处的内容。

表 3-2　　　　　　　　　　　　　　　　开关机操作相关任务

机床开关机	开关机步骤	示意图
开机	打开电源总闸	
	打开机床总电源	
		电源开
		⚫
		◇
关机	把工作台和主轴移到中间	〰
		⚫
		电源关
	关闭机床总电源	
	拉下电源总闸	

■ 任务实施二　回参考点操作

数控铣床开机通电后，在加工中途断电重新开机通电和关闭急停开关后打开必须先操作机床回参考点。否则，对设定工件零点时无基准，还会发生碰撞等事故。

1. 回参考点操作步骤（见表 3-3）

表 3-3　　　　　　　　　　　　　　　　回参考点操作相关任务

回参考点操作	操 作 内 容	示意图（备注）
第一步	在机床控制面板上按下快速移动 〰 键，移动工作台和 Z 轴到中间	X Y Z
第二步	按下回参考点方式键 ✥	X1 X10 X100 X1000
第三步	按下 +Z 轴移动键 Z → +	
第四步	按下 +X 轴移动键 X → +	有些机床是负方向回零，如果是这种情况一般会标示出
第五步	按下 +Y 轴移动键 Y → +	

2. 回参考点的注意事项

（1）X、Y、Z 轴可同时进行回零，直到回零指示灯亮时，才表示各轴已回到机床参考点。

（2）工作台移动速度通过操作快速修调倍率键来控制，不能过快，否则容易超程报警，一般选择 25% 的倍率。

（3）操作回参考点时必须按各轴的正方向，为了安全先回 +Z 轴，其次 +X 轴、+Y 轴。

■ 任务实施三　手动方式（JOG 方式）移动 X、Y、Z 轴

手动方式即直接操作面板上的各轴方向键来控制工作台移动的方式。操作步骤如表 3-4 所示。

表 3-4 手动方式操作相关任务

手动方式操作步骤	操作内容	示意图
第一步	在机床控制面板上按下 JOG 方式键 进入手动方式	
第二步	选择相应的坐标轴，可以控制对应的轴移动	
第三步	一直按着相应的"方向键 + 或 −"，工作台就一直连续不断地移动	
第四步	移动速度通过操作快速修调倍率键来控制，注意速度的调节，不能过快，以免过快导致超程报警	
第五步	如果同时按着相应的"方向键" + 或 − "快进键"，则工作台以快进速度移动	

■ 任务实施四 手轮方式（HND 方式）移动 X、Y、Z 轴

该方式通过手轮操纵盒上的手轮来摇动脉冲发生器，从而使控制工作台移动。操作步骤如表 3-5 所示。

表 3-5 手轮方式操作相关任务

手轮方式操作步骤	操作内容	示意图
第一步	在机床控制面板上按下 MDI 手轮方式键，进入手轮方式	
第二步	手轮操纵盒上"轴类转钮"选择相应移动轴	
第三步	通过手轮操纵盒上"速度倍率转钮"选择相应移动轴的速度	
第四步	摇动脉冲发生器可控制工作台移动	
第五步	通过对应于手轮上的"+"、"−"符号方向来确定轴的移动方向	

■ 任务实施五 手动输入方式启动主轴，让主轴正转 1000r/min

在 MDI 手动输入方式下可以编制一个程序段并执行，但不能加工由多个程序段描述的工件轮廓。操作步骤如表 3-6 所示。

表 3-6 MDI 手动输入方式操作相关任务

MDI 方式操作步骤	操作内容	示意图
第一步	在机床控制面板上按下 MDI 方式键，进入 MDI 方式	
第二步	在系统面板上按下 PROG 键，再选择 MDI 软键	

续表

MDI 方式操作	操作内容	示意图
第三步	输入一个程序段 M3S1000	
第四步	按下 EOB 键，输入分号	
第五步	按下插入 INSERT 键	
第六步	按下循环启动键 执行循环启动	

训练二　数控铣床的对刀

对刀是数控铣床操作的基础，只有对刀的操作准确了之后才可以进行零件的加工。在实际操作中工件安装在工作台上，两端的位置要知道，也就是说我们要找出工件的坐标系在工作台（即机床坐标系）的具体位置，这个操作过程就是对刀——建立工件坐标系。

对刀的目的是通过刀具或对刀工具确定工件坐标系与机床坐标系之间的空间位置关系，并将对刀数据输入到相应的存储位置。它是数控加工中最重要的操作内容，其准确性将直接影响零件加工的位置精度。

■ 任务实施一　对刀前准备工作

对刀前准备工作如表 3-7 所示。

表 3-7　　　　　　　　对刀前准备工作相关任务

准备工作步骤	说明	示意图
机床开机上电	略	
机床控制面板上电	略	
工件安装	采用平口虎钳装夹工件，工件为 45mm×45mm×30mm 的铝块。工件不能悬空装夹，要安装在钳口的正中间并垫上合适的垫块，要伸出足够高来保证加工深度，要施加足够的力来保证工件被夹紧。平口钳平整的情况下，一般铝料的毛坯至少要夹 5mm	
主轴上安装刀具	采用 $\phi8$ 或 $\phi10$ 的立铣刀，用弹簧夹套把铣刀装在刀头上	
	把机床面板上的工作模式调到手动或手轮模式	或
	按下气压按钮把刀头安装到机床上	
启动主轴	如果数控系统是刚上电的或者系统所接受的转速不是所需要的，则需要在 MDI 下启动主轴，使系统内接受主轴正转指令；如果系统内已处于主轴正转指令状态的，可直接按主轴正转键让主轴启动	

■ 任务实施二　建立工作坐标系——采用试切对刀

对刀操作步骤如表 3-8 所示。

表 3-8　　　　　　　　　　　　　对刀操作步骤相关任务

对 刀 步 骤	示 意 图
1. 按下 POS 键，屏幕上显示坐标位置 2. 按下"相对"坐标键，屏幕上显示相对坐标	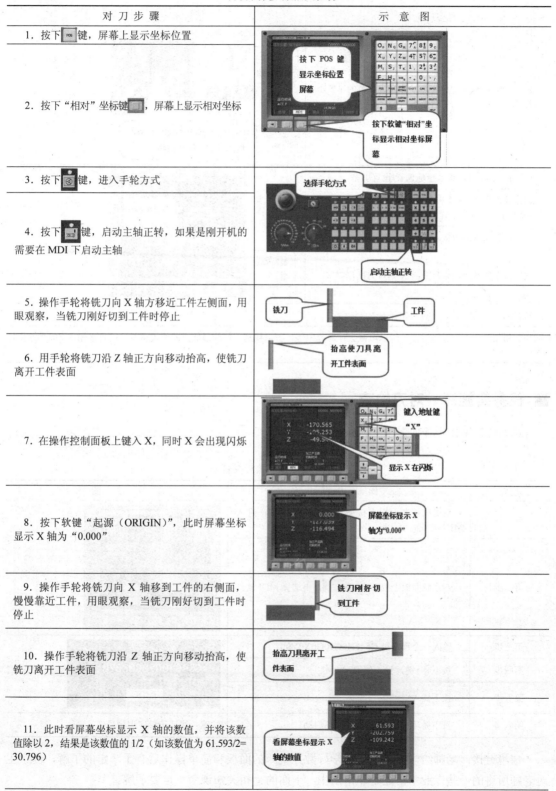
3. 按下键，进入手轮方式 4. 按下键，启动主轴正转，如果是刚开机的需要在 MDI 下启动主轴	
5. 操作手轮将铣刀向 X 轴方移近工件左侧面，用眼观察，当铣刀刚好切到工件时停止	
6. 用手轮将铣刀沿 Z 轴正方向移动抬高，使铣刀离开工件表面	
7. 在操作控制面板上键入 X，同时 X 会出现闪烁	
8. 按下软键"起源（ORIGIN）"，此时屏幕坐标显示 X 轴为"0.000"	
9. 操作手轮将铣刀向 X 轴移到工件的右侧面，慢慢靠近工件，用眼观察，当铣刀刚好切到工件时停止	
10. 操作手轮将铣刀沿 Z 轴正方向移动抬高，使铣刀离开工件表面	
11. 此时看屏幕坐标显示 X 轴的数值，并将该数值除以 2，结果是该数值的 1/2（如该数值为 61.593/2= 30.796）	

续表

对 刀 步 骤	示 意 图
12. 操作手轮将铣刀沿 X 轴移到该数值的 1/2 处，即是（30.796）工件的中间处	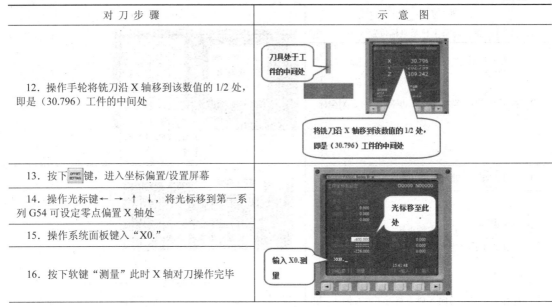
13. 按下 OFFSET SETTING 键，进入坐标偏置/设置屏幕	
14. 操作光标键 ← → ↑ ↓，将光标移到第一系列 G54 可设定零点偏置 X 轴处	
15. 操作系统面板键入 "X0."	
16. 按下软键 "测量" 此时 X 轴对刀操作完毕	
17. 用相同的方法操作对刀 Y 轴	
18. 用相同的方法操作对刀 Z 轴，可减去计算分中等步骤。找到工件的最低点的位置后就可以直接输入 Z0. "测量" 完成 Z 轴对刀	

■ 任务实施三　对刀检查

对刀检查操作步骤如表 3-9 所示。

表 3-9　　　　　　　　　　对刀检查操作步骤相关任务

对刀检查步骤	操 作 内 容	示 意 图
第一步	在机床控制面板上按下 MDI 方式键，进入 MDI 方式	
第二步	在系统面板上按下 PROG 键，再选择 MDI 软件	
第三步	输入一个程序段 G54G40G90G0X0Y0	
第四步	按下 EOB 键，输入分号	
第五步	按下插入键 INSERT	
第六步	按下循环启动键执行循环启动	注意：快速倍率应调到最低

情境链接：老师给学生讲了如何学好数控铣床的面板和简单操作后有了一定的了解，但学生对老师所讲的一些专业术语还是非常陌生。下面的"相关知识"一定要了解。

任务考核

请对照任务考核表（见表 3-10）评价完成任务结果。

表 3-10　　　　　　　　　　　任务考核

课程名称	数控铣工工艺与技能		任务名称	数控铣床的操作			
学生姓名			工作小组				
	评分内容	分值	自我评分	小组评分	教师评分	得分	
任务质量	严格遵守操作规程	10					
	熟练安装刀具	10					
	正确安装毛坯	10					
	积极主动参与机床面板对刀	20					
	熟练程序的输入	10					
	团结协作	10					
	劳动态度	10					
	安全意识	20					
	权　　重		20%	30%	50%		
总体评价	个人评语：						
	教师评语：						

相关知识

■ 相关知识一　数控铣床控制系统的认识

国内外数控控制系统较多，使用较广泛的有如下几种，如表 3-11 所示。

表 3-11　　　　　　　　　　　数控控制系统

控制系统种类	版本	产地	标志	示意图	应用说明
国外	FANUC	0i M 18i M 31iM 32iM	日本	FANUC Series 0i M	国内外数控机床常采用的数控系统之一，特别是在亚洲地区使用相当广泛，本书以此系统为例进行讲解

续表

控制系统种类		版本	产地	标志	示意图	应用说明
国外	SIEMENS	802DM 840D	德国			国内外数控机床常采用的数控系统之一，特别是欧洲地区
国内	广州数控	GSK990M GSK983M GSK983M-ha	广州			国内南方数控机床采用此数控系统较多，其中 GSK983 系列的产品在中低档市场使用较多
	华中世纪星	HNC-21M HNC-210B	武汉			国内北方数控机床采用此数控系统较多

■ 相关知识二 数控铣床的面板介绍（以 FANUC Series 0iM 为例）

图 3-1 所示为国内数控机床常采用的 FANUC 0iM 数控系统，数控铣床的操作面板由机床控制面板（见图 3-2）和数控系统操作面板两部分组成。虽然各数控铣床生产厂家所设置按键的形状与编排方式各不一样，但操作方式大同小异。因此，在具体学习和操作中熟练掌握 FANUC 0i M 数控系统操作，对学习其他系统也能达到举一反三的效果。

1．铣床面板的组成

（1）FANUC 0iM 数控系统操作面板如图 3-1 所示。

（2）FANUC 0iM 机床操作面板如图 3-2 所示。

CRT 显示屏

图 3-1 FANUC 0iM 数控系统操作面板

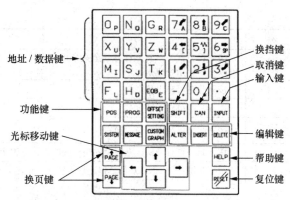

图 3-1 FANUC 0iM 数控系统操作面板（续）

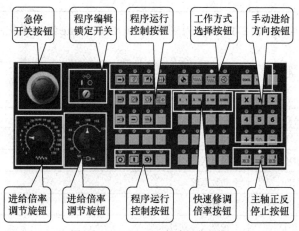

图 3-2 FANUC 0iM 机床操作面板

2．了解数控铣床操作面板

（1）表 3-12 所示为采用 FANUC 0i Mate 数控系统的系统性操作面板各功能键的作用。

表 3-12 FANUC 0i M 数控控制系统各功能键名称及作用

按 钮 图 标	名 称	用 途
POS	位置键	按下此键可显示坐标位置屏幕
PROG	程序键	按下此键可显示、查找和编辑程序
OFFSET SETTING	刀补键	按下此键可显示刀具偏置或工件坐标偏置/设置屏幕
SYSTEM	参数键	按下此键可显示系统参数屏幕
MESSAGE	报警键	按下此键可显示错误信息屏幕
CUSTOM GRAPH	作图键	按下此键可显示图形屏幕
SHIFT	切换键	在该面板上，有些键具有两个功能。按下此键可以在这两个功能之间进行切换
ALERT	替换键	在修改程序时，将光标移到错误指令中，在缓冲区写入正确指令。按下此键可把错误的指令替换为正确的指令
CAN	取消键	按下此键删除最后一个进入输入缓冲区的字符或符号
INSERT	插入键	在输入程序或修改程序时，在缓冲区写入需要插入的字符或一个程序段。按下此键可在光标后面插入字符或一个程序段
INPUT	输入键	当按下一个字母键盘或数字键时，再按该键，数据就会被输入到缓冲区，并且显示在屏幕上

按 钮 图 标	名 称	用 途
DELETE	删除键	在编辑方式下，将光标移动至某个指令中或输入一个程序名后，按下此键，可以删除该指令或该程序
PAGE ↑	翻页键	按下此键可向上翻页
PAGE ↓	翻页键	按下此键可向下翻页
← ↑ → ↓	光标键	按下此键可分别向左、向右、向上和向下移动
HELP	帮助键	按下此键可打开机床面板上的相对应的指指令说明
RESET	复位键	按下此键可使 CNC 复位、停止机床的所有输出运作和取消报警等
O_P N_Q G_R 7_A 8_B 9_C / X_U Y_V Z_W 4_↑ 5_↓ 6_≠ / M_I S_J T_K 1_. 2_# 3_± / F_L H_D EOB 8 - + 0 . /	键盘	按下此键可以输入字母、数字和符号

（2）表 3-13、表 3-14、表 3-15 所示为采用 FANUC 0i Mate 数控系统的机床控制面板上各功能键的作用。

① 工作方式选择键。控制面板上各功能键如表 3-13 所示。

表 3-13　　　　　　　　　　　控制面板上各功能键图标、名称及用途

按钮图标	名 称	用 途
	AUTO	自动加工模式
	EDIT	编辑模式
	MDI	手动数据输入
	INC	增量进给
	HND	手轮模式移动机床
	JOG	手动模式，手动连续移动机床
	DNC	用 RS232 电缆线连接 PC 机和数控机床，选择程序传输加工
	REF	回参考点

② 程序运行控制功能键如表 3-14 所示。

表 3-14　　　　　　　　　　　程序运行控制功能键

按 钮 图 标	名 称	用 途
	程序运行开始	模式选择旋钮在"AUTO"和"MDI"位置时按下有效
	程序运行停止	在程序运行中，按下此按钮停止程序运行
	M00 程序停止	程序运行中，M00 停止
	单步执行开关	每按一次程序启动执行一条程序指令
	程序段跳读	自动方式按下此键，跳过程序段开头带有"/"的程序
	程序停止	自动方式下，遇有 M00 程序停止
	机床空运行	按下此键，各轴以固定的速度运动
	手动示教	操作者手动加工过程自动生成 ISO 代码
	程序重启动	当刀具破损等原因停止加工后，程序可以从指定的程序段重新启动
	机床锁定开关	按下此键，机床各轴被锁住，只能运行程序

③ 手动控制功能键如表 3-15 所示。

表 3-15　　　　　　　　　　　　　手动控制功能键

按 钮 图 标	名　　称	用　　途
	机床主轴手动控制开关	手动主轴正转　手动主轴反转　手动停止主轴
	手动移动机床各轴按钮	
	增量进给倍率选择按钮	选择移动机床轴时，每一步的距离：×1 为 0.001mm，×10 为 0.01mm，×100 为 0.1mm，×1000 为 1 mm
	进给率（调节旋钮）	调节程序运行中的进给速度，调节范围为 0～120%
	主轴倍率调节旋钮	调节主轴转速，调节范围为 0～120%
	程序编辑锁定开关	置于"　"位置，可编辑或修改程序

3. 程序的编辑

　　程序输入与调试：在程序编辑方式下，通过操作系统面板，将编写好的加工零件程序单按格式输入到系统里并保存，待加工时可调出，也可以进行修改或删除。

　　（1）输入新程序。输入新程序的操作步骤如表 3-16 所示。

表 3-16　　　　　　　　　　　　　输入新程序的操作步骤

新 建 程 序	示 意 图
在机床面板上按下方式键，进入编辑	>O124_　EDIT **** 　[BG-EDT][O检索][检索]
按下 PRGG 键显示程序内容屏幕	
输入新程序名（如 O1234。注意：第一个符号必须是英文字母"O"，其后可以是数字，最多为 4 个数字，不得使用其他符号）	
按下插入键 INSERT	程式　　　　　　　O1234
按下 EOB 键	O1234;
按下插入键 INSERT	%
此时新的程序名就设定好了	
接着把各程序段按顺序写在缓冲区中，如写入"G54G40G90G0Z50"	>G54G40G90G0Z50;_　EDIT **** 　[BG-EDT][O检索][检索]
按下 EOB 键	程式　　　　　　　O1234
按下插入键 INSERT	O1234;　G54G40G90G0Z50;
此时该程序段就输入到系统内存里	%
如此循环操作就可把一个程序的各个程序段输入到系统内存里，待加工时可调出	

（2）修改程序。修改程序是对已经输入到内存中的程序进行字的插入、替换、删除。经过修改的程序，一定要进入复位状态，即按一下复位键。

① 插入新指令的操作步骤如表 3-17 所示。

表 3-17　　　　　　　　　　　插入新指令的操作步骤

插入一个指令	示　意　图
将光标移到要插入位置前的指令	O1111; G54**G40**G0Z50;　O1111; M3S1000;　G54G40**G90**G0Z50; X-30Y-30;　M3S1000; Z5;　X-30Y-30; 　Z5;
键入要插入的指令如 G90	
按下插入键 INSERT 即可	

② 指令的替换操作步骤如表 3-18 所示。

表 3-18　　　　　　　　　　　指令的替换操作步骤

指令的替换	示　意　图
光标移到要替换的指令位置	O1111;　O1111; G54G40**G90**G0Z50;　G54G40**G91**G0Z50; M3S1000;　M3S1000; X-30Y-30;　X-30Y-30; Z5;　Z5;
键入要替换的指令如 G91	
按下替换键 ALERT 即可	

③ 删除指令的操作步骤如表 3-19 所示。

表 3-19　　　　　　　　　　　删除指令的操作步骤

删除一个指令	示　意　图
光标移到要删除的指令位置，例如，删除 G91 指令，选中后，按下删除键 DELETE 即可	O1111;　O1111; G54G40**G91**G0Z50;　G5**G40**G0Z50; M3S1000;　M3S1000; X-30Y-30;　X-30Y-30; Z5;　Z5;

④ 删除程序段的操作步骤如表 3-20 所示。

表 3-20　　　　　　　　　　　删除程序段的操作步骤

指令的替换	示　意　图
光标移到要删除的程序段号，例如，删除 M3S1000 一段，则选中后持续按下删除键 DELETE，直到整段程序删除完为止	O0011;　O1111; G54G40G90G0Z50;　G54G40G91G0Z50; **M**3S1000;　X-30Y-30; X-30Y-30;　Z5; Z5;　G1Z-2F300;

（3）删除程序。存储在内存中的一个程序或者所有程序都可以被删除。

① 删除程序的操作步骤如表 3-21 所示。

表 3-21　　　　　　　　　　　删除程序的操作步骤

删除一个程序	示　意　图
按下编辑键 ⬚ 进入程序编辑方式	
按下 PROG 键进入程序显示状态	
按下 DIR 键进入程序列表显示状态	

续表

删除一个程序	示 意 图
键入要删除的程序号，如删除 O1111 程序	O0001 O0002 O0003 O0004 O0005 O0010 O0011 O0012 O0013 O0014 O0015 O0016 O0017 O0018 O0034 O9000 O9001 O9012 O2000 O0123 O1234 O1111 >O1111 _
按下删除键 DELETE，输入的程序号的程序被删除	

② 删除所有程序的操作步骤如表 3-22 所示。

表 3-22　　　　　　　　　　删除所有程序的操作步骤

删除所有程序	示 意 图
按下编辑键☑进入程序编辑方式	O0001 O0002 O0003 O0004 O0011 O0012 O0013 O0014 O0017 O0018 O0034 O9000 O2000 O0123 O1234
按下 PROG 键进入程序显示状态	
键入地址 O	>O-9999 _
键入地址 -9999	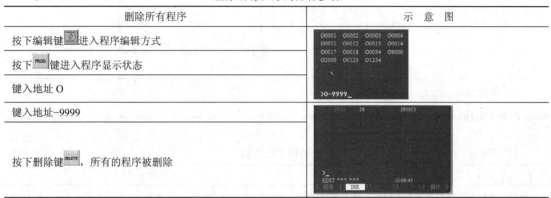
按下删除键 DELETE，所有的程序被删除	

（4）检索程序。当内存中有多个程序时，可以检索出其中的一个程序。检索程序经常用到，要熟练掌握其操作，操作步骤如表 3-23 所示。

表 3-23　　　　　　　　　　检索程序的操作步骤

检索程序	示 意 图
按下编辑键☑进入程序编辑方式	O0003 %
按下 PROG 键进入程序显示状态	
键入要检索的程序号，如调出 O0001 程序	程式　　　　　　　　　　　O0001 N00000 O0001 %
按下软键"检索"或下翻键 ↓	
检索结束后，检索到的程序号显示在屏幕的右上角。如果没有找到该程序，就会出现 P/S 报警信号	可能的原因是输入的程序号不存在

■ 相关知识三　　数控铣床坐标系

1. 数控铣床坐标系概念

数控铣床坐标系的概念，如表 3-24 所示。

表 3-24　　　　　　　　　　数控铣床坐标系概念

坐标系种类	概　　念	备　　注
机床坐标系	确定机床工作台的位置与方向的坐标系称为机床坐标系，其原点在机床出厂时就已经确定	其原点在刚开机时不存在，回零后才存在。所以开机后必须回零，不然加工时将会产生乱撞的现象
工件坐标系	零件加工时确定刀具移动位置及方向的坐标系叫工件坐标系（一般也叫编程坐标系）	其原点位置由用户确定在机床坐标系的任一点位置。一般根据设计、测量基准确定，在编程和加工的时候用 G54、G55…G59 指令来调用

2．工件坐标系与机床坐标系的关系

工件坐标系与机床坐标系的关系如表 3-25 所示。

表 3-25　　　　　　　　　　　工件坐标系与机床坐标系的关系

两者关系	示意图
机床坐标系回零自然确定，而工件坐标系未确定。工件原点是在机床坐标系中的某点位置，我们把找出工件原点在机床坐标系中位置的过程叫对刀	

3．坐标系的原则

坐标系的原则如表 3-26 所示。

表 3-26　　　　　　　　　　　坐标系的原则

原　　　则	坐标系示意图
●所有坐标系的轴与方向都是根据右手直角笛卡尔坐标系来确定的。大拇指指向 X 轴正方向，食指指向 Y 轴正方向，中指指向 Z 轴正方向	
●移动正方向：刀具远离工件的方向为正方向	
●旋转正方向：按右手螺旋法则确定。大拇指指向移动轴的正方向，四指的方向则为旋转正方向	
●编程原则：不管刀具移动还是工件移动，一律都假定工件不动，刀具相对工件移动	

4．坐标系的确定

坐标系的确定如表 3-27 所示。

表 3-27　　　　　　　　　　　坐标系的确定

总则	坐标轴的确定一般先确定 Z 轴，再确定 X 轴，最后确定 Y 轴
Z 轴的确定	一般与机床中传递主切削力的主轴平行，远离工件的方向为正方向
X 轴的确定	从主轴的正方向往负方向看，X 轴为水平方向，右边为正方向
Y 轴的确定	确定好 X 轴和 Z 轴后，根据右手直角笛卡尔坐标系确定 Y 轴

■ 相关知识四　对刀的方法

对刀操作分为 X 轴方向对刀、Y 轴方向对刀和 Z 轴方向对刀。根据具体条件和加工精度要求选择对刀方法，可采用试切法、寻边器对刀法、机内对刀仪对刀法、自动对刀法等。其中试切法对刀精度较低，加工中常用寻边器和 Z 向设定器对刀，效率高，能保证对刀精度。常见对刀方法如表 3-28 所示。

表 3-28   对刀方法

对刀方法		对刀原理	示意图（实物图）	使用场合
直接对刀		将刀具安装在主轴上，通过手轮移动工作台，使旋转的刀具与工件的表面做微量的接触，这种方法简单方便，但会在工件上留下切削痕迹，且对刀精度低		毛坯工件，X、Y、Z 轴
使用寻边器对刀	机械式寻边器	它分为上下两部分，中间用弹簧连接，上部用刀柄平持，下半部分接触工件。使用时必须注意避免主轴转速过快，损坏寻边器		已加工零件，X、Y 轴
	光电式寻边器	它主要有两部分：柄体和测量头。使用时主轴不需转动，使用简单，操作方便。使用时应避免测量头与工件碰撞，应该慢慢地接触工件		已加工零件，X、Y 轴
杠杆百分表		主要有两部分，表座和百分表。使用时主轴不需转动，但需要手动转动表针，找到一个数值		已加工零件，X、Y 轴
Z 轴对刀仪		在使用前需要对表座调零，主轴不需转动，直接压下表针，使其指到零位，此时刀位点离工件零表面的值为 50mm		已加工零件，Z 轴

■ 相关知识五   相关指令

相关指令如表 3-29 所示。

表 3-29   相关指令

准备功能	意义	辅助功能	意义	坐标功能	意义	转速功能	意义
G0	快速定位	M03	主轴正转	X		S	转速功能
G40	刀补取削	M04	主轴反转	Y	坐标功能		
G54	建立工件坐标系 1	M05	主轴停转	Z			
G90	绝对坐标						

知识拓展

请同学们按以下程序格式输入到面板内，如表 3-30 所示。

表 3-30 程序输入考核

O0001；	
G54G40G90G0Z50；	X20；
M3S1000；	Y-20；
X-30Y-30；	X-20；
Z5；	G40G1X-30Y-30；
G1Z-2F300；	G0Z50；
G41D1X-20Y-20；	M5；
Y20；	M30；

■ 现场整理及设备保养

请对照现场整理及设备保养表（见表 3-31）完成任务。

表 3-31 现场整理及设备保养表

1. 打扫实习场地卫生，清理工、量、刀具等进行分类归位
2. 按照机床日常维护保养要求对机床每天进行保护
3. 按照安全文明生产要求整理实习场地
4. 认真检查关水、关电、关门

任务四 4 简单轮廓零件的加工

■ **本任务学习目标**

1．掌握基础指令的格式以及使用方法。

2．熟悉各指令在使用时的注意事项。

■ **本任务建议课时**

24 学时。

■ **本任务工作流程**

1．导入新课。

2．检查讲评学生完成导读工作页情况。

3．对照典型零件图，进行编程作业示范。

4．组织学生对典型零件进行作业实习。

5．巡回指导学生实习。

6．结合实习期间出现的典型问题，进行理论讲解。

7．组织学生对"拓展问题"进行讨论。

8．完成本任务学习测试。

9．测试结束后，组织学生填写活动评价表。

10．小结学生学习情况。

■ **本任务教学准备**

名称	型号、规格	数量
数控铣床	FANUC 0i-M	15 台
铣刀	立铣刀 $\phi10$	15 把
弹簧夹头	BT40 RE32	15 个
弹簧夹套	RE32 $\phi7-8$	15 个
量具	带表游标卡尺(0～200mm)	15 把
辅助工具	平口虎钳、虎钳扳手、垫铁	各15 个
铝块（Al：2024）	45mm×45mm×20mm	15 块

课前导读

请完成表 4-1 中的内容。

表 4-1　　　　　　　　　　　　　　课前导读

序　号	实　施　内　容	答　案　选　择		
1	定位（快速移动）指令是什么？	G01□	G00□	G03□
2	直线插补（进给）指令是什么？	G01□	G00□	G03□
3	暂停指令是什么？	G01□	G04□	G03□
4	XY 平面选择指令是什么？	G17□	G18□	G19□
5	ZX 平面选择指令是什么？	G17□	G18□	G19□
6	YZ 平面选择指令是什么？	G17□	G18□	G19□
7	英寸输入指令是什么？	G20□	G21□	
8	毫米输入指令是什么？	G20□	G21□	
9	刀具半径补偿取消指令是什么？	G41□	G42□	G40□
10	刀具半径左补偿指令是什么？	G41□	G42□	G40□
11	工件坐标系 2 选择指令是什么？	G54□	G55□	G56□
12	刀具半径右补偿指令是什么？	G41□	G42□	G40□
13	工件坐标系 1 选择指令是什么？	G54□	G55□	G56□
14	程序停止指令是什么？	M01□	M02□	M00□
15	选择程序停止指令是什么？	M01□	M02□	M03□
16	程序结束指令是什么？	M01□	M02□	M03□
17	主轴顺时针旋转指令是什么？	M01□	M02□	M03□
18	主轴逆时针旋转指令是什么？	M03□	M04□	M05□
19	主轴停止指令是什么？	M03□	M04□	M05□
20	自动换刀指令是什么？	M05□	M06□	M07□

情景描述

某精密机械加工厂李师傅接到一批齿轮油泵的轴锁紧螺母零件加工的订单，如图 4-1、图 4-2 和图 4-3 所示如果请你加工的话，你有办法完成这个工件的加工吗？

图 4-1　齿轮油泵分解图

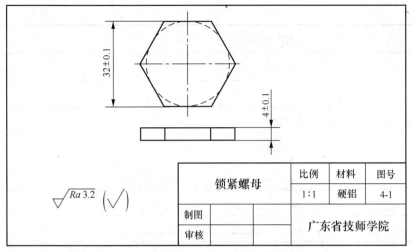

图 4-2　锁紧螺母外型零件图

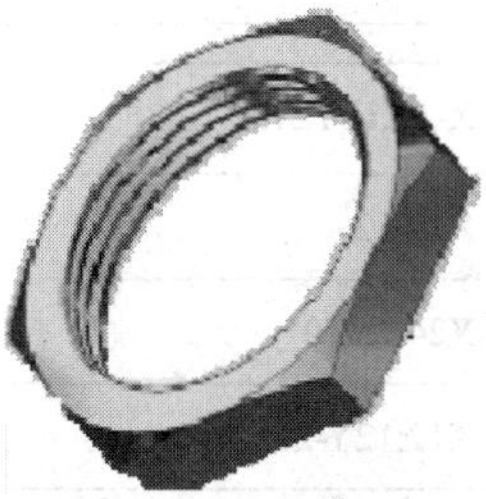

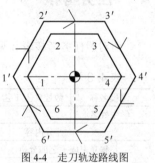

图 4-3　锁紧螺母实物图

任务实施

■ 任务实施　锁紧螺母外型轮廓加工

1．确定工艺系统

机床——数控铣床。

刀具——立铣刀ϕ10。

毛坯——45×45×20，2024 铝合金。

夹具——平口钳。

2．确定轨迹路线

确定轨迹路线为：1′→2′→3′→4′→5′→6′→1′，如图 4-4
所示。

3．计算点位坐标

可利用几何方法中勾股定理进行计算或采用 CAM 软件进行绘
图标注坐标，请完成下面的各点坐标值。

1′（＿＿＿，0），2′（＿＿＿，21），3′（＿＿＿，21），4′（＿＿＿，0）
5′（＿＿＿，-21），6′（＿＿＿，-21）。

图 4-4　走刀轨迹路线图

4．采用中心轨迹编制程序

请完成填写表 4-2 空白处内容。

表 4-2　　　　　　　　　　　　编制程序相关任务

O0001	程序名 0001 号程序
G54G90G40G0Z20	初始化与 Z 轴定位
M3S1000	＿＿＿＿＿＿＿＿＿＿＿＿＿

续表

X-40Y0	XY 平面定位
Z5	快速下刀至安全高度
G1Z-4F200	_____
_____	切削至 1′ 点
X-12.12Y21	切削至 2′ 点
X12.12	_____
X24.25Y0	_____
X12.12Y-21	_____
_____	切削至 6′ 点
_____	切削至 1′ 点
X-40	_____
G0Z20	_____
M5	_____
M30	程序结束并返回第一段

任务考核

请对照任务考核表（见表 4-3）评价完成任务结果。

表 4-3　　　　　　　　　　任务考核

课程名称	数控铣工工艺与技能			任务名称	简单轮廓零件的加工		
学生姓名				工作小组			
	评分内容		分值	自我评分	小组评分	教师评分	得分
任务质量	独立完成工艺的分析		10				
	独立完成工件装夹		5				
	独立完成刀具安装		5				
	独立完成零件的编制		20				
	独立完成零件的加工		20				
	团结协作		10				
	劳动态度		10				
	安全意识		20				
	权　　重			20%	30%	50%	
总体评价	个人评语：						
	教师评语：						

相关知识

■ 相关知识一 基础指令

一、常用基本指令的分类

（1）准备功能指令（G 代码）。

（2）辅助功能指令（M 代码）。

（3）主轴功能指令（S 代码）。

（4）进给功能指令（F 代码）。

（5）刀具功能指令（T 代码）。

（6）坐标功能（尺寸功能字）。

二、准备功能（G 功能）

1．常用的 G 指令（见表 4-4）

表 4-4　　　　　　　　　　　　　常用的 G 指令

G 码	功能	说明	G 码	功能	说明
G00	定位（快速移动）		G19	YZ 平面选择	模态
G01	直线插补（进给）	模态	G20	英寸输入	
G02	圆弧插补（顺时针）		G21	毫米输入	
G03	圆弧插补（逆时针）		G40	刀具补偿取消	模态
G04	暂停	非模态	G41	刀具半径左补偿	
G17	XY 平面选择	模态	G42	刀具半径右补偿	
G18	ZX 平面选择	模态	G54	工件坐标系 1 选择	

说明：G 代码分为如下两类。

（1）非模态 G 代码：仅在其被指令的程序段中有效。

（2）模态 G 代码：这种 G 代码被指定生效后，直到同组的另一个 G 代码被指定才无效。

2．平面选择指令（G17，G18，G19）

G17——XY 平面选择。

G18——ZX 平面选择。

G19——YZ 平面选择。

3．暂停指令（G04）

暂停指令可以让坐标进给暂停下来，但主轴依然在转，直到暂停时间到了才运行下一段程序。

暂停指令的格式：G04 X（t）；或 G04 P（t）；

这两个方法中的任何一个都可用于暂停，X 的单位是秒，P 的单位是毫秒。在开始下一个程序段之前，前边的程序段执行完后，必须经过（t）秒或毫秒的时间。

举例：暂停 2.5s。

G04　X2.5 或 G04　P2500。

 注意：地址 P 不用小数点编程。

4. 工件坐标系指令（G54）

工件坐标系是编程人员在编制程序时用来确定刀具和程序起点的，实质就是设置工件坐标系原点在机床坐标系中的绝对值。其设定过程为：选择装夹后的工件上的编程原点，找出该点在机床坐标系中的绝对值，将这些值通过机床面板操作输入机床偏置存储器参数中，从而将零点偏移至该点。

三、辅助功能指令（M代码）

辅助功能指令由字母M和其后的两位数字组成，主要用于完成加工操作时的辅助动作。常用的M指令如表4-5所示。

表4-5 常用的M指令

M代码	功　能	说　明	M代码	功　能	说　明
M00	程序停止	非模态	M06	自动换刀	非模态
M01	选择程序停止		M08	冷却液开	模态
M02	程序结束		M09	冷却液关	非模态
M03	主轴顺时针旋转	模态	M30	程序结束并返回	
M04	主轴逆时针旋转		M98	调用子程序	
M05	主轴停止		M99	子程序取消	

四、主轴功能指令（S代码）

用来控制主轴转速的功能称为主轴功能，又称为S功能，由地址S和其后缀数字组成。根据加工的需要，主轴的转速分为线速度V和转速n两种。在编程时，主轴转速不允许用负值来表示，但允许用S0使转速停止。

线速度V与转速n之间可以相互换算，关系如下。

$$V=n\pi D/1000$$

式中：V——切削线速度，m/min

D——刀具直径，mm

n——主轴转速，r/min

高速钢允许切削速度范围：$V=20\sim30$m/min。

硬质合金允许切削速度范围：$V=60\sim200$m/min。

S代码在使用时须配合M3/M4才能起作用。例如，若想启动主轴正转1000r/min时，编程为：M3S1000。

五、进给功能指令（F代码）

用来指定刀具相对工件运动的速度功能称为进给功能，由地址F和其后缀的数字组成。根据加工的需要，进给功能分每分钟进给（G94）和每转进给（G95）两种。其单位分别为（G94mm/min）（G95mm/r）。在编程时，进给速度不允许用负值来表示，一般不允许用F0来控制进给停止。至于机床开始与结束进给过程中的加、减速运动，则由数控系统自动实现，编程时无须考虑。程序中的进给速度，对于直线插补指机床各坐标轴的合成速度；对于圆弧插补，则为圆弧的切线方向的速度。F后带若干位数字组成F代码，如F150、F3500等。其中数字表示实际的合成速度值。F代码单位为mm/min（公制）或inch/min（英制）。视用户选定的编程单位而定，若为公制单位，则上述两个指令分别表示：

F=150mm/min；F=3500mm/min。

六、刀具功能指令（T代码）

刀具功能是指系统进行选刀或换刀的功能指令，又称为T机能。刀具功能用地址T及后缀的数字来表示，常用刀具功能指定方法有T4位数法和T2位数法。目前大多数的数控车采用T4位数法，绝大多数的加工中心采用 T2 位数法。刀具功能须配合 M06 才能起作用，例如，若想换 2 号刀编程为：M06 T02。

七、坐标功能指令（尺寸功能字）

坐标功能字用来设定机床各坐标的位移量。对于数字的输入，有些系统可省略小数点，有些系统则可以通过系统参数来设定是否可以省略小数点，而大部分系统的小数点则不可以省略。对于不可以省略小数点编程的系统，当使用小数点编程时，数字以 mm（英制为 inch；角度为 deg）为输入单位；而当不用小数点编程时，则以机床的最小输入单位作为输入单位。因此，在进行数控编程时，不管哪种系统，为保证程序的正确性，最好都不要省略小数点的输入。

常用的坐标功能有：X、Y、Z、U、V、W、I、J、K。

■ 相关知识二　准备功能指令

一、快速定位指令（G0）

1．G0 快速定位的格式：G0 X___Y___Z___；

其中：X___Y___Z___为终点坐标值。

2．举例：如图 4-5 所示，刀具由 O 点快速定位至 B 点。用绝对值编程方式编写程序如下：
G0 X200 Y100。

3．G0 指令的运动轨迹

在执行前述程序段过程中，其移动轨迹如图 4-5 所示，机床会首先按照 X、Y 两轴联动同时以最大进给速度移动完成共同的距离，因此第一段轨迹与两坐标轴夹角成 45°。而当一坐标轴达到位移后，另一坐标轴则单方向移动。所以 G0 的运动轨迹不一定完全是直线，也有可能是折线。

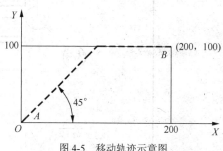

图 4-5　移动轨迹示意图

4．G0 的运用

它只能用于快速定位，不能用于切削加工，进给速度 F 对 G00 指令无效。

二、直线插补指令（G1）

1．直线插补指令格式：G1　X___Y___Z___F___；

其中：X___Y___Z___为终点坐标值；

　　　F___为进给速度。

2．程序举例：编写如图 4-6 所示轨迹，由 O 点直线插补到 B 点。用绝对值编程方式编写程序如下：G01 X200 Y100 F200；

3．具有三轴联动控制功能的移动指令（直线插补的）的格式如图 4-7 所示。由该指令可执行三轴联动直线插补。

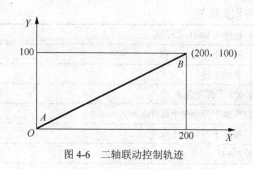

图 4-6　二轴联动控制轨迹

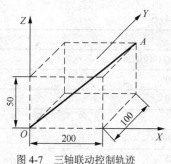

图 4-7　三轴联动控制轨迹

用绝对值编程方式编写程序如下：G01 X200 Y100 Z50 F200。

4．注意事项

由 F 代码指令进给速度是刀具移动速度，如果不规定 F 代码，那么就认为进给速度为 0。

■ 相关知识三　编程举例

1．采用ϕ10 立铣刀编写如图 4-8 所示的齿轮油泵固定板的加工程序（用刀具中心轨迹编程）。

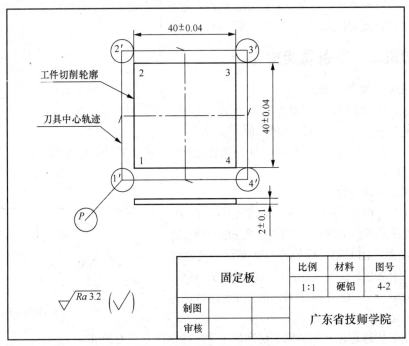

图 4-8　齿轮油泵固定板零件图

2．确定轨迹路线

路线为：$1'$ → $2'$ → $3'$ → $4'$ → $1'$。

3．计算点位坐标

可利用几何方法中勾股定理进行计算或采用 CAM 软件进行绘图标注坐标，各点坐标值为：

$1'$（−25，−25），$2'$（−25，25），$3'$（25，25），$4'$（25，−25）。

4．编制程序

程序如表 4-6 所示。

表 4-6　　　　　　　　　　　　编制程序相关任务

O0001	程序名 0001 号程序
G54G90G40G0Z20	初始化与 Z 轴定位
M3S1000	主轴正转
X-40Y-40	XY 平面定位 P 点
Z5	快速下刀至安全高度
G1Z-4F200	慢速下刀至加工深度
X-25Y-25	$P → 1'$

续表

Y25	1′→2′
X25	2′→3′
Y-25	3′→4′
X-25	4′→1′
G0X-40Y-40	退刀至起始点 1′→P
G0Z20	快速抬刀
M5	主轴停止
M30	程序结束并返回第一段

5. 齿轮油泵固定板的检测分析表（见表 4-7）

表 4-7　　　　　　　　　齿轮油泵固定板的检测分析表

序号	考核项目	考核内容及要求		配分	评分标准	检测结果	自我得分	原因分析	小组检测	小组得分	老师核查
1	尺寸要求	40	±0.04	20	超差 0.01 扣 1 分						
2		40	±0.04	20	超差 0.01 扣 1 分						
3		2	±0.1	20	超差 0.01 扣 1 分						
4	形位公差	平行度		10	超差 0.01 扣 1 分						
5		垂直度		10	超差 0.01 扣 1 分						
6	粗糙度	Ra3.2		20	降一级扣 2 分						
7	安全操作，文明生产			违章视情节轻重扣 1~20 分，扣分不超过 20 分							
评分员			检测员				总　分				

■ 相关知识四　铣刀的分类

1. 按铣刀的形状分类（见表 4-8）

表 4-8　　　　　　　　　铣刀的形状分类

刀具的分类	刀具示意图	应用范围
立铣刀		立铣刀是数控铣削加工中最常用的一种铣刀，常用侧刃铣削，有时用端刃、侧刃同时铣削，广泛用于平面类零件直线、斜线、圆弧、铣削加工
球头铣刀		球头铣刀适用于加工空间曲面类零件，有时也用于平面类零件上有较大凹圆弧的过渡加工
圆刀		圆刀又俗称飞刀，一般由刀体上安装硬质合金刀组成，常用于型腔的粗加工
端面铣刀		端面铣刀又称为盘形铣刀，一般由盘状刀体上的机夹刀片、焊接硬质合金刀片或其他刀头组成，常用于铣削较大的平面

2. 按铣刀的结构分类（见表 4-9）

表 4-9　　　　　　　　　铣刀的结构分类

刀具的分类	刀具示意图	应用范围
整体式铣刀		指铣刀的切削刃与刀体做成整体的铣刀，如立铣刀、球头铣刀等都属于整体式铣刀
镶嵌式铣刀		镶嵌式铣刀由不重磨机夹刀片镶嵌在刀体上，刀片一般都采用硬质合金或陶瓷材料

续表

刀具的分类	刀具示意图	应用范围
可调式铣刀（镗刀）		可调式铣刀是指铣刀的刀杆长度和直径可根据加工需要进行调整；可将所需刀具的尾柄装入不同锥孔号数或内径的标准刀杆上，即采用模块化刀杆进行拼装组合。它在刚性等方面不亚于整体式铣刀，而且装拆十分方便

3．按铣刀的材料分类（见表4-10）

表4-10　　　　　　　　　　铣刀的材料分类

刀具的分类	刀具示意图	应用范围
高速钢铣刀		采用高速工具钢制造形状较复杂的铣刀，一般用于铝、铜材料的低速切削
硬质合金铣刀	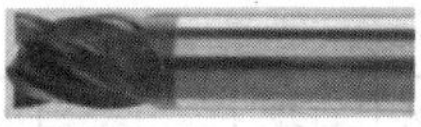	采用硬质合金制造，一般用于钢材的高速切削

4．按铣刀的用途分类（见表4-11）

表4-11　　　　　　　　　　铣刀的用途分类

刀具的分类	刀具示意图	应 用 范 围
端面铣刀、立铣刀	略	铣平面、凸台、凹槽铣刀
球头铣刀	略	铣特形面（曲面）铣刀
T形槽铣刀、燕尾铣刀、角度铣刀	  	铣特形沟槽铣刀
倒角刀	 	工件倒直角、倒圆角
中心钻		孔加工
钻头		
铰刀		
丝锥、螺纹铣刀	 	螺纹加工
锯齿铣刀	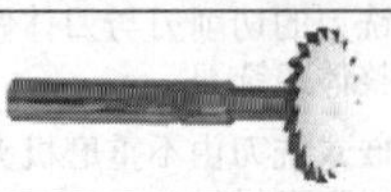	加工窄深槽

■ 相关知识五　游标卡尺的使用

1．游标卡尺定义

游标卡尺是工业上常用的测量长度的仪器，是一种测量长度、内外径、深度的量具。

2．常用游标卡尺的种类（见表4-12）

表 4-12　　　　　　　　　　　　　　游标卡尺

游 标 卡 尺	带 表 卡 尺	电子数显卡尺

3．游标卡尺的组成结构和量程

游标卡尺由内测量爪、外测量爪、紧固螺丝、主尺、游标尺、深度尺组成，它的量程为0~150mm，分度值为0.02mm，如图4-9所示。

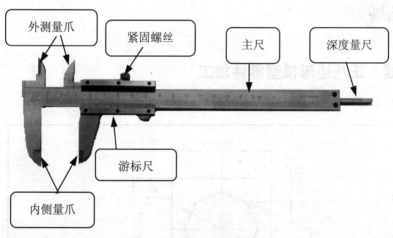

图 4-9　游标卡尺的组成和量程

4．游标卡尺的原理

主尺上的线距为1mm，游标尺上有50格，其线距为0.98mm。当两者的零刻线相重合，若游标尺移动0.02mm，则它的第1根刻线与主尺的第1根刻线重合；若游标尺移动0.04mm，则它的第2根刻线与主尺的第2根刻线重合。依此类推，可从游标尺与主尺上刻线重合处读出量值的小数部分。主尺与游标尺线距的差值 0.02mm 就是游标卡尺的最小读数值。同理，若它们的线距的差值为 0.05mm 或 0.1mm（游标尺上分别有 20 格或 10 格），则其最小读数值分别为 0.05mm 或 0.1mm。

5．游标卡尺的读数方法

读数时首先以游标零刻度线为准在尺身上读取毫米整数，即以毫米为单位的整数部分。然后看游标上第几条刻度线与尺身的刻度线对齐，如第 6 条刻度线与尺身刻度线对齐，则小数部分即为 0.6mm（若没有正好对齐的线，则取最接近对齐的线进行读数）。如果有零误差，则一律用上述结果减去零误差（零误差为负，相当于加上相同大小的零误差），读数结果为：

$$L = 整数部分 + 小数部分 - 零误差$$

判断游标上哪条刻度线与尺身刻度线对准，可用下述方法：选定相邻的三条线，如果左侧的线在尺身对应线之右，右侧的线在尺身对应线之左，中间那条线便可以认为是对准了尺身对应线：

$$L = 对准前刻度 + 游标上第 n 条刻度线与尺身的刻度线对齐 \times 分度值$$

如果需测量几次取平均值，不需每次都减去零误差，只要从最后结果减去零误差即可。

6．举例应用

以图4-10所示游标卡尺的某一状态为例进行说明。

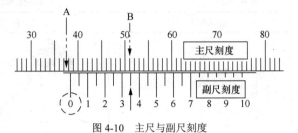

（1）在主尺上读出副尺零刻度线以左的刻度，该值就是最后读数的整数部分，图4-10示读数为37mm。

图4-10　主尺与副尺刻度

（2）副尺上一定有一条刻线与主尺的刻线对齐，在副尺上读出该刻线距副尺的零刻度线的格数，为0.35mm。

（3）将所得到的整数和小数部分相加，就得到总尺寸为37.35mm。

知识拓展

■ 知识拓展　正八边形模型零件加工

（1）根据图4-11所示零件图，进行零件加工。

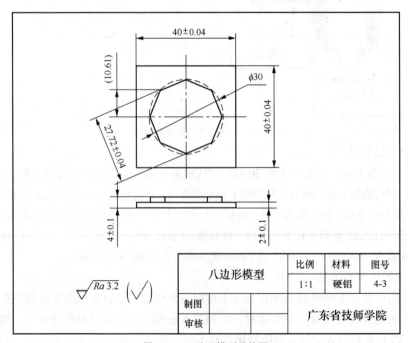

图4-11　八边形模型零件图

（2）正八边形模型零件检测分析表（见表 4-13）

表 4-13　　　　　　　　　　　正八边形模型零件检测分析表

序号	考核项目	考核内容及要求		配分	评分标准	检测结果	自我得分	原因分析	小组检测	小组评分	教师核查
1	尺寸要求	40	±0.04	20	超差 0.01 扣 1 分						
2		40	±0.04	20	超差 0.01 扣 1 分						
3		27.72	±0.04	10	超差 0.01 扣 1 分						
4		4	±0.1	10	超差 0.01 扣 1 分						
5		2	±0.1	10	超差 0.01 扣 1 分						
6	形位公差	平行度		10	超差 0.01 扣 1 分						
7		垂直度		10	超差 0.01 扣 1 分						
8	粗糙度	Ra3.2		10	降一级扣 2 分						
9	安全操作，文明生产				违章视情节轻重扣 1～20 分，扣分不超过 20 分						
评分员			检测员				总　分				

■ 现场整理及设备保养

请对照现场整理及设备保养表（见表 4-14）完成任务。

表 4-14　　　　　　　　　　　现场整理及设备保养表

1. 打扫实习场地卫生，清理工、量、刀具等进行分类归位
2. 按照机床日常维护保养要求对机床每天保护
3. 按照安全文明生产要求整理实习场地
4. 认真检查关水、关电、关门

任务五 5 刀具半径补偿功能的应用

■ **本任务学习目标**

1. 掌握刀具补偿的格式以及使用方法。

2. 熟悉刀具补偿指令在使用时的注意事项

■ **本任务建议课时**

30 学时。

■ **本任务工作流程**

1. 导入新课。

2. 检查讲评学生完成导读工作页情况。

3. 对照典型零件图，进行编程作业示范。

4. 组织学生对典型零件进行作业实习。

5. 巡回指导学生实习。

6. 结合实习期间出现的典型问题，进行理论讲解。

7. 组织学生对"拓展问题"进行讨论。

8. 完成本任务学习测试。

9. 测试结束后，组织学生填写活动评价表。

10. 小结学生学习情况。

■ **本任务教学准备**

1. 设备：数控铣床。

2. 毛坯：毛坯材料为 45×45×20，2024 铝合金（每个学生一块）。

3. 刀具ϕ10 立铣刀（每个学生一把）。

课前导读

请完成表 5-1 中的内容。

表 5-1　　　　　　　　　　　　课前导读

序　号	实 施 内 容	答 案 选 择		
1	刀具半径左补偿指令是?	G41☐	G42☐	G40☐
2	刀具半径右补偿指令是?	G41☐	G42☐	G40☐
3	取消刀具半径补偿的指令是?	G41☐	G42☐	G40☐
4	刀具长度正补偿指令是?	G43☐	G44☐	G49☐
5	刀具长度负补偿指令是?	G43☐	G44☐	G49☐

续表

序　号	实 施 内 容	答 案 选 择		
6	取消刀具长度补偿的指令是？	G43□	G44□	G49□
7	G41 或 G42 必须与 G40 成对使用。	对□	错□	
8	目前我们学校里的系统，半径补偿模式的建立和取消过程当中一般不能与 G00 或 G01 配合使用。	对□	错□	
9	目前我们学校里的系统，半径补偿模式的建立和取消过程当中一般只能与 G02 或 G03 配合使用。	对□	错□	
10	在执行刀具半径补偿的模式下，程序段不能有任何一个刀具不移动的指令出现。	对□	错□	
11	XY 平面中执行刀具半径补偿时，不能出现连续两个 Z 轴移动的指令，否则 G41 或 G42 指令无效。	对□	错□	
12	G41 或 G42 必须与 G40 成对使用。	对□	错□	

情景描述

　　某品牌汽车零部件有限公司的生产部长吴师傅有一发动机带轮端面卡片零件要加工，如图 5-1 和图 5-2 所示。小张是吴师傅的徒弟，在吴师傅的讲解下，小张知道这个零件需要进行粗、精加工的工艺步骤。如果你是小张的话，你有办法完成这个零件的加工吗？你知道应该具备哪些知识才可以编制其加工程序吗？不妨看看下面内容就知道了。

图 5-1　汽车发动机

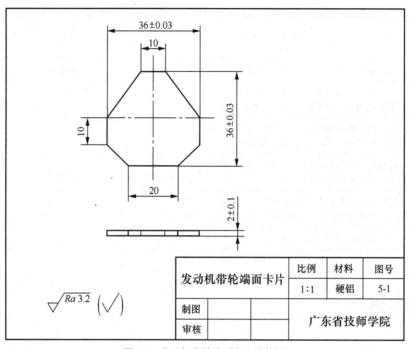

图 5-2 发动机带轮端面卡片零件图

任务实施

■ 任务实施一 发动机带轮端面卡片零件的加工

一、确定工艺系统

机床——数控铣床。

刀具——立铣刀。

毛坯——45×45×20，2024 铝合金。

夹具——平口钳。

二、确定轨迹路线

由点 1→点 2→点 3→点 4→点 5→点 6→点 7→点 8→点 1 的走刀轨迹加工，如图 5-3 所示。

三、计算点位坐标

1．点位坐标

可利用几何方法中勾股定理进行计算或采用 CAM 软件进行绘图标注坐标，各点坐标值为：

1（-18，-10）；2（-18，0）；3（-5，18）；4（5，18）；5（18，0）；6（18，-10）；7（10，18）；8（-10，-18）。

2．编制程序（见表 5-2）

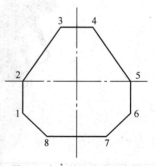

图 5-3 加工轨迹路线示意图

表 5-2   编制程序

O0001	
G54 G90 G40 G0 Z20	初始化与 Z 轴定位
M3 S1000	主轴正转
X-40 Y-40	XY 平面定位
Z5	快速下刀到安全高度
G1 Z-4 F200	慢速下刀至加工深度
	建立刀补偿至轮廓上（1 点）
	切削至 2 点（执行刀补）
	切削至 3 点（执行刀补）
	切削至 4 点（执行刀补）
	切削至 5 点（执行刀补）
	切削至 6 点（执行刀补）
	切削至 7 点（执行刀补）
	切削至 8 点（执行刀补）
	切削至 1 点（执行刀补）
	取消刀补至定位点上
G0 Z20	快速抬刀
M5	主轴停止
M30	程序结束并返回第一段

任务考核

请对照任务考核表（表 5-3）评价完成任务结果。

表 5-3   任务考核

课程名称	数控铣工工艺与技能		任务名称		刀具半径补偿功能的应用	
学生姓名			工作小组			
	评分内容	分值	自我评分	小组评分	教师评分	得分
任务质量	独立完成工艺的分析	10				
	独立完成工件装夹	5				
	独立完成刀具安装	5				
	独立完成零件的编制	20				
	独立完成零件的加工	20				
	团结协作	10				
	劳动态度	10				
	安全意识	20				
	权　重		20%	30%	50%	
总体评价	个人评语：					
	教师评语：					

相关知识

■ 相关知识一　刀具半径补偿

一、刀具半径补偿定义

其定义是能把刀具中心轨迹编程转换为实际轮廓编程，具有使系统自动偏离出一个刀具半径的功能。

二、刀具半径补偿格式

1. 刀具半径补偿指令：G40、G41、G42

G40：取消刀具半径补偿。

G41：刀具半径左刀补。

G42：刀具半径右刀补。

2. 刀具半径补偿指令格式

G0(G1)G41D__X__Y__；

G0(G1)G42D__X__Y__；

其中：X__Y__为终点坐标；

D__为刀具补偿寄存代码，其数值为刀具补偿寄存序号，即刀补号码（D00～D99），它代表了刀补表中对应的半径补偿值。

三、刀具半径补偿 G41、G42 的判别

沿着刀具的进给方向看，刀具偏在切削轮廓的左边为刀具半径左补偿，即 G41，如图 5-4（a）所示的逆铣示意图。刀具偏在切削轮廓的右边为刀具半径右补偿，即 G42，如图 5-4（b）所示的顺铣示意图。

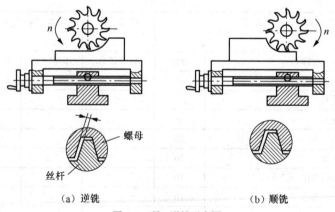

（a）逆铣　　　　　　　　　　（b）顺铣

图 5-4　顺、逆铣示意图

四、刀补建立的三个阶段

第一阶段：刀补建立。

第二阶段：刀补执行。

第三阶段：刀补取消。

五、刀具半径补偿功能的主要用途

在零件加工过程中，采用刀具半径补偿功能，可大大简化编程的工作量。具体体现在三个方面。

（1）实现根据编程轨迹对刀具中心轨迹的控制。可避免在加工中由于刀具半径的变化（如由于刀具损坏而换刀等原因）而重新编程的麻烦。

（2）刀具半径误差补偿。由于刀具的磨损或因换刀引起的刀具半径的变化，也不必重新编程，只须修改相应的偏置参数即可。

（3）减少粗、精加工程序编制的工作量。由于轮廓加工往往不是一道工序能完成的，在粗加工时，均要为精加工工序预留加工余量。加工余量的预留可通过修改偏置参数实现，而不必为粗、精加工各编制一个程序。

六、刀具半径补偿编程举例

有一五边形模型零件图如图 5-5 所示。

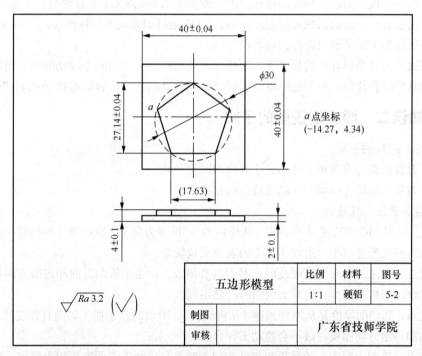

图 5-5 五边形模型零件图

编制程序如表 5-4 所示。

表 5-4 编制程序

O0001	
N10 G54 G90 G40 G0 Z20	初始化与 Z 轴高度定位
N20 M03 S1000	主轴正转
N30 X-40 Y0	XY 平面定位
N40 Z5	快速下刀至安全平面
N50 G1Z-2 F300	慢速下刀至加工深度
N60 G1 G41 D1 X-14.27 Y4.34	建立刀补至轮廓上（刀补号 01）

续表

N70 X0 Y15	
N80 X-14.27 Y4.34	执行刀补
N90 X8.82 Y-12.14	
N100 X-8.82	
N110 G1 G40 X-40 Y0	取消刀补至定位点上
N120 G0 Z20	快速抬刀
N130 M5	主轴停止
N140 M30	程序停止并返回初始位置

七、注意事项

（1）G41 或 G42 必须与 G40 成对使用。

（2）半径补偿模式的建立和取消过程当中一般只能用 G0 或 G1 配合使用，不能与 G2 或 G3 同时使用，现在有一些新的系统可以支持在 G2 或 G3 运行的方式下进行操作。

（3）必须在指定的平面内进行刀具半径补偿。

（4）在执行刀具半径补偿的模式下，程序段不能有任何一个刀具不移动的指令出现。XY 平面中执行刀具半径补偿时，也不能出现连续两个 Z 轴移动的指令，否则 G41 或 G42 指令无效。

■ 相关知识二　顺、逆铣削的了解

1．顺铣、逆铣的定义

顺铣：刀具的旋转方向和工件的进给方向相同。

逆铣：刀具的旋转方向和工件的进给方向相反。

2．顺铣、逆铣的优缺点

顺铣优点：其切削厚度是从厚到零（从外向内），铣削力向下，有压紧工件的作用。切削时对已加工表面的挤压摩擦较小，所以加工出的表面质量较好。

顺铣缺点：加工工件表面有硬皮时，对刀具磨损较大；由于铣削方向和进给方向相同，所以会拉动工作台，当机床的丝杠有较大间隙时严禁用顺铣。

逆铣优点：其切削厚度是从厚到到薄（从内向外），所以适合于加工表面有硬皮的工件；刀具的铣削方向和进给方向相反，故不会拉动工作台。

逆铣缺点：铣削力向上，故易挑起工件。切入时易与已加工表面产生较大摩擦，所以影响加工表面质量。

■ 相关知识三　加工参数的设定

一、加工余量及加工精度的概念

1．加工余量的概念

加工余量是指加工过程中所切去的金属层厚度。余量有总加工余量和工序余量之分。由毛坯转变为零件的过程中，在某加工表面上切除金属层的总厚度，称为该表面的总加工余量（又称毛坯余量）；一般情况下，总加工余量并非一次切除，而是分在各工序中逐渐切除，故每道工序所切除的金属层厚度称为该工序加工余量（简称工序余量）。工序余量是相邻两工序的工序尺寸之差，毛坯余量是毛坯尺寸与零件图样的设计尺寸之差。

2．确定加工余量的三种方法

（1）查表修正法。根据生产实践和试验研究，已将毛坯余量和各种工序的工序余量数据于手册。确定加工余量时，可从手册中获得所需数据，然后结合工厂的实际情况进行修正。查表时应注意表中的数据为公称值，对称表面（轴孔等）的加工余量是双边余量；非对称表面的加工余量是单边的。这种方法目前应用最广。

（2）经验估计法。此法是根据实践经验确定加工余量。为防止加工余量不足而产生废品，往往估计的数值总是偏大，因而这种方法只适用于单件、小批生产。

（3）分析计算法。这是根据加工余量计算公式和一定的试验资料，通过计算确定加工余量的一种方法。采用这种方法确定的加工余量比较经济合理，但必须有比较全面可靠的试验资料及先进的计算手段方可进行，故目前应用较少。

总之，在确定加工余量时，总加工余量和工序加工余量要分别确定。总加工余量的大小与选择的毛坯制造精度有关。用查表法确定工序加工余量时，粗加工工序的加工余量不应查表确定，而是用总加工余量减去各工序余量求得。同时要对求得的粗加工工序余量进行分析，如果过小，要增加总加工余量；过大，应适当减少总加工余量，以免造成浪费。

3．加工精度的概念

加工精度是加工后零件表面的实际尺寸、形状、位置三种几何参数与图纸要求的理想几何参数的符合程度。理想的几何参数，对尺寸而言，就是平均尺寸；对表面几何形状而言，就是绝对的圆、圆柱、平面、锥面和直线等；对表面之间的相互位置而言，就是绝对的平行、垂直、同轴、对称等。零件实际几何参数与理想几何参数的偏离数值称为加工误差。

加工精度与加工误差都是评价加工表面几何参数的术语。加工精度用公差等级衡量，等级值越小，其精度越高；加工误差用数值表示，数值越大，其误差越大。加工精度高，就是加工误差小，反之亦然。

任何加工方法所得到的实际参数都不会绝对准确，从零件的功能看，只要加工误差在零件图要求的公差范围内，就认为保证了加工精度。

机器的质量取决于零件的加工质量和机器的装配质量，零件加工质量包含零件加工精度和表面质量两大部分。

4．加工精度的三个方面内容

（1）尺寸精度。指加工后零件的实际尺寸与零件尺寸的公差带中心的相符合程度。

（2）形状精度。指加工后的零件表面的实际几何形状与理想的几何形状的相符合程度。

（3）位置精度。指加工后零件有关表面之间的实际位置与理想位置相符合程度。

二、获得尺寸精度的方法

机械加工中获得工件尺寸精度的方法，主要有以下几种。

1．试切法

即先试切出很小部分的加工表面，测量试切所得的尺寸，按照加工要求适当调整刀具切削刃相对工件的位置，再试切，再测量。如此经过两三次试切和测量，当被加工尺寸达到要求后，再切削整个待加工表面。

试切法通过"试切－测量－调整－再试切"，反复进行直到达到要求的尺寸精度为止。例如，箱体孔系的试镗加工。

试切法达到的精度可能很高，它不需要复杂的装置，但这种方法费时（需做多次调整、试切、测量、计算），效率低，依赖工人的技术水平和计量器具的精度，质量不稳定，所以只用于单件小批生产。

作为试切法的一种类型——配作，它是以已加工件为基准，加工与其相配的另一工件，或将两个（或两个以上）工件组合在一起进行加工的方法。配作中最终被加工尺寸达到的要求是以与已加工件的配合要求为准的。

2. 调整法

预先用样件或标准件调整好机床、夹具、刀具和工件的准确相对位置，用以保证工件的尺寸精度。因为尺寸事先调整到位，所以加工时，不用再试切，尺寸自动获得，并在一批零件加工过程中保持不变，这就是调整法。例如，采用铣床夹具时，刀具的位置靠对刀块确定。调整法的实质是利用机床上的定程装置或对刀装置或预先整好的刀架，使刀具相对于机床或夹具达到一定的位置精度，然后加工一批工件。

在机床上按照刻度盘进刀然后切削，也是调整法的一种。这种方法需要先按试切法决定刻度盘上的刻度。大批量生产中，多用定程挡块、样件、样板等对刀装置进行调整。

调整法比试切法的加工精度稳定性好，有较高的生产率，对机床操作工的要求不高，但对机床调整工的要求高，常用于成批生产和大量生产。

3. 定尺寸法

用刀具的相应尺寸来保证工件被加工部位尺寸的方法称为定尺寸法。它利用标准尺寸的刀具加工，加工面的尺寸由刀具尺寸决定。即采用具有一定的尺寸精度的刀具（如铰刀、扩孔钻、钻头等）来保证工件被加工部位（如孔）的精度。

定尺寸法操作方便，生产率较高，加工精度比较稳定，几乎与工人的技术水平无关，生产率较高，在各种类型的生产中广泛应用。例如钻孔、铰孔等。

4. 主动测量法

在加工过程中，边加工边测量加工尺寸，并将所测结果与设计要求的尺寸比较后，或使机床继续工作，或使机床停止工作，这就是主动测量法。

目前，主动测量中的数值已可用数字显示。主动测量法把测量装置加入工艺系统（即机床、刀具、夹具和工件组成的统一体）中，成为其第五个因素。

主动测量法质量稳定、生产率高，是发展方向。

5. 自动控制法

这种方法是由测量装置、进给装置和控制系统等组成的。它把测量、进给装置和控制系统组成一个自动加工系统，加工过程依靠系统自动完成。

尺寸测量、刀具补偿调整和切削加工以及机床停车等一系列工作自动完成，自动达到所要求的尺寸精度。例如在数控机床上加工时，零件就是通过程序的各种指令控制加工顺序和加工精度。

自动控制的具体方法有两种。

（1）自动测量。即机床上有自动测量工件尺寸的装置，在工件达到要求的尺寸时，测量装置即发出指令使机床自动退刀并停止工作。

（2）数字控制。即机床中有控制刀架或工作台精确移动的伺服电动机、滚动丝杠螺母副及整套数字控制装置，尺寸的获得（刀架的移动或工作台的移动）由预先编制好的程序通过计算机数字控制装置自动控制。

初期的自动控制法是利用主动测量和机械或液压等控制系统完成的。目前已广泛采用按加工要求预先编排的程序、由控制系统发出指令进行工作的程序控制机床（简称程控机床），或由控制系统发出数字信息指令进行工作的数字控制机床（简称数控机床），以及能适应加工过程中加工条件的变化、自动调整加工用量、按规定条件实现加工过程最佳化的适应控制机床，进行自动控制加工。

自动控制法加工的质量稳定、生产率高、加工柔性好、能适应多品种生产，是目前机械制造的发展方向和计算机辅助制造（CAM）的基础。

三、零件的粗、精加工工艺应用举例

在实际加工中，零件图的尺寸标注一般都有公差要求，这就需要保证尺寸精度；又因为铣刀，机床的刚性，制造误差等原因，实际的加工中需要粗精加工。

1．加工步骤

粗加工—半精加工—精加工。

2．粗加工余量的确定

高速钢立铣刀：0.3～0.5mm。

硬质合金立铣刀：0.1～0.3mm。

3．半精加工余量的确定

0.05～0.1mm。

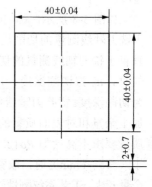

图 5-6　粗精加工正四方形

4．加工中刀补值的处理

如图 5-6 所示的零件，当采用ϕ10 的高速钢立铣刀加工，开粗时留 0.5mm 精加工余量。粗加工后，经测量有下面三种结果：

第一种：经测量后的数值为：41mm，这说明这把铣刀是理想的 ϕ10 立铣刀，所以此时输入的刀补值为 5mm。

第二种：经测量后的数值为：41.025mm，这说明这把铣刀的直径小了 0.025mm，所以此时输入的刀补值为 4.9875。

第三种：经测量后的数值为：40.975mm，这说明这把铣刀的直径大了 0.025mm，所以此时输入的刀补值为 5.0125mm。

四、切削用量的选择原则和方法

所谓合理的切削用量是指充分利用机床和刀具的性能，并在保证加工质量的前提下，获得高的生产率与低加工成本的切削用量。

1．影响切削用量的因素

影响切削用量的因素如图 5-7 所示。

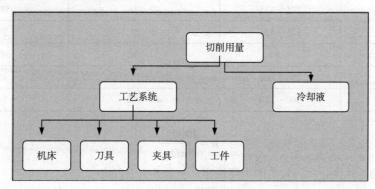

图 5-7　影响切削用量的因素

2．确定切削用量的方法

（1）类比法。

（2）查表法。

（3）经验法。

（4）计算法。

3．数控铣床/加工中心切削用量的选择

数控铣床的切削用量包括切削速度 v_c、进给速度 v_f、背吃刀量 a_p 和侧吃刀量 a_c。切削用量的选择方法是考虑刀具的耐用度，先选取背吃刀量或侧吃刀量，其次确定进给速度，最后确定切削速度。

如图 5-8 所示，铣削时，背吃刀量 a_p 为平行于铣刀轴线测量的切削层尺寸，侧吃刀量 a_e 为垂直于铣刀轴线测量的切削层尺寸。用端铣刀铣削时，a_p 为切削深度；用圆周铣刀铣削时，a_e 为切削深度。背吃刀量或侧吃刀量的选取主要由加工余量和对表面质量的要求决定。当加工表面质量要求不高（如 Ra12.5～25），而加工余量较

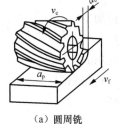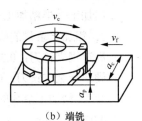

（a）圆周铣　　　　　（b）端铣

图 5-8　铣削方式示意图

小（≤5～6mm）时，取背吃刀量或侧吃刀量等于加工余量，粗铣一次即达到加工要求。若加工余量较大，工艺系统刚性较差或机床动力不足，可分多次进给完成。当加工表面质量要求较高（如 Ra1.6～3.2）时，一般应分多次铣削，精铣时可取背吃刀量或侧吃刀量为 0.5～1mm。

（1）切削速度 v_c 的确定。根据已经选定的背吃刀量、进给量及刀具耐用度选择切削速度。可采用经验公式计算，也可根据生产实践经验在机床说明书允许的切削速度范围内查阅有关切削用量手册选取。表 5-5 所示为经验者提供的切削参数参考值；像数控车削加工一样，实际编程时，切削速度 v_c 确定后，还要按下面的公式计算出铣床主轴转速 n（r/min）。同理，对有级变速铣床，应按铣床说明书选择与所计算转速 n 接近的实际转速。

表 5-5　　　　　　　　　　切削速度参数表

工件材料	硬度（HBS）	切削速度 v_c (m/min)	
		高速钢铣刀	硬质合金铣刀
钢	<225	18～42	66～150
	225～325	12～36	54～120
	325～425	6～21	36～75
铸铁	<190	21～36	66～150
	190～260	9～18	45～90
	160～320	4.5～10	21～30

$$n = \frac{1000 v_c}{\pi D}$$

式中：v_c——切削速度，由刀具的耐用度决定，从表 5-5 中查询；

　　　D——工件或刀具直径，mm。

（2）进给量 f（mm/r）与进给速度 v_f（mm/min）的选择。铣削加工的进给量是指刀具每转一周，工件与刀具沿进给运动方向的相对位移量；进给速度是单位时间内工件与刀具沿进给运动方向的相对位移量。进给量与进给速度应根据零件的加工精度、表面粗糙度要求、刀具及工件材料等因素，参考切削用量手册或表 5-6 选取。工艺系统刚性差或刀具强度低时，应取小值。表 5-6 中的铣刀每齿进给量与刀具转速、齿数、进给速度及进给量的关系为：

$$v_f = nf = nf_z z$$

式中：v_f——刀具或工件进给速度，mm/min；

　　　n——刀具转速，r/min；

　　　f——刀具或工件进给量，mm/r；

　　　f_z——铣刀每齿进给量，mm/z；

　　　Z——刀具齿数。

表 5-6　　　　　　　　　　　　　每齿进给量参数表

工件材料	每齿进给量 f_z (mm/z)			
	粗　　铣		精　　铣	
	高速钢铣刀	硬质合金铣刀	高速钢铣刀	硬质合金铣刀
钢	0.10～0.15	0.10～0.25	0.02～0.05	0.10～0.2
铸铁	0.12～0.20	0.15～0.30	0.02～0.05	0.10～0.15
铝合金	0.10～0.30	0.20～0.40	0.05～0.15	0.10～0.20

（3）切削深度 a_p（mm）。它主要根据机床、夹具、刀具和工件的刚度来决定。在刚度允许的情况下，应以最少的进给次数切除加工余量，最好一次切净余量，以便提高生产率。在数控机床上，精加工余量可以小于普通机床，一般取 0.2～0.5mm。

4．常用钢件材料切削用量的推荐值

常用钢件材料切削用量参数如表 5-7 所示。

表 5-7　　　　　　　　　　　常用钢件材料切削用量参数表

刀具名称	刀具材料	切削速度 v_c(m/min)	进给量（mm/r）	背吃刀量 mm
立铣刀	硬质合金	80～250	0.1～0.4	1.5～3
	高速钢	20～40	0.05～0.4	≤0.8D
球头铣刀	硬质合金	80～250	0.2～0.6	0.5～1
	高速钢	20～40	0.1～0.4	0.5～1
标准麻花钻	硬质合金	40～60	0.05～0.2	0.5D
	高速钢	20～40	0.15～0.25	0.5D
中心钻	高速钢	20～40	0.05～0.1	0.5D
机用铰刀	硬质合金	6～12	0.3～1	0.1～0.3
精镗刀	硬质合金	80～250	0.05～0.3	0.3～1

知识拓展

■ 知识拓展

（1）根据图 5-9 所示的零件图，进行零件加工。

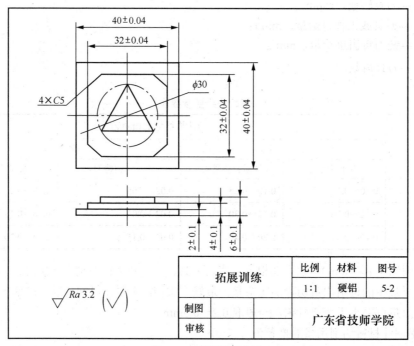

图 5-9　拓展训练零件图

（2）拓展训练检测分析评分表（见表 5-8）

表 5-8　　　　　　　　　　　拓展训练检测评分表

序号	考核项目	考核内容及要求		配分	评分标准	检测结果	自我得分	原因分析	小组检测	小组评分	老师核查
1	尺寸要求	40	±0.06	10	超差 0.01 扣 1 分						
2		40	±0.06	10	超差 0.01 扣 1 分						
3		32	±0.06	10	超差 0.01 扣 1 分						
4		32	±0.06	10	超差 0.01 扣 1 分						
5		4×C5	±0.2	10	超差 0.01 扣 1 分						
6		6	±0.2	10	超差 0.01 扣 1 分						
7		4	±0.2	10	超差 0.01 扣 1 分						
8		2	±0.2	10	超差 0.01 扣 1 分						

续表

序号	考核项目	考核内容及要求	配分	评分标准	检测结果	自我得分	原因分析	小组检测	小组评分	老师核查
9	形位公差	平行度	5	超差 0.01 扣 1 分						
10		垂直度	5	超差 0.01 扣 1 分						
11	粗糙度	Ra3.2	10	降一级扣 2 分						
12	安全操作，文明生产		违章视情节轻重扣 1～20 分，扣分不超过 20 分							
评分员			检测员			总 分				

■ 现场整理及设备保养

请对照现场整理及设备保养表（见表 5-9）完成任务。

表 5-9　　　　　　　　　　　现场整理及设备保养表

1．打扫实习场地卫生，清理工、量、刀具等进行分类归位
2．按照机床日常维护保养要求对机床每天保护
3．按照安全文明生产要求整理实习场地
4．认真检查关水、关电、关门

6 圆弧曲线轮廓的加工

■ **本任务学习目标**

1. 掌握基础指令的格式以及使用方法。

2. 熟悉圆弧插补指令在使用时的注意事项。

■ **本任务建议课时**

30 学时。

■ **本任务工作流程**

1. 导入新课。

2. 检查讲评学生完成导读工作页情况。

3. 对照典型零件图，进行编程作业示范。

4. 组织学生对典型零件进行作业实习。

5. 巡回指导学生实习。

6. 结合实习期间出现的典型问题，进行理论讲解。

7. 组织学生对"拓展问题"进行讨论。

8. 完成本任务学习测试。

9. 测试结束后，组织学生填写活动评价表。

10. 小结学生学习情况。

■ **本任务教学准备**

1. 设备：数控铣床。

2. 毛坯：毛坯材料为 45×45×20，2024 铝合金（每个学生一块）。

3. 刀具 ϕ10 立铣刀（每个学生一把）。

课前导读

请完成表 6-1 中的内容。

表 6-1　　　　　　　　　　　课前导读

序　号	实 施 内 容	答 案 选 择		
1	顺时针圆弧插补指令是？	G01□	G02□	G03□
2	逆时针圆弧插补指令是？	G01□	G02□	G03□
3	可以注销圆弧插补指令的是？	G01□	G04□	G03□
4	圆弧插补中地址 R 表示什么？	圆心坐标□		圆弧半径□
5	圆弧插补中地址 I 表示哪个坐标轴增量？	X 轴□	Y 轴□	Z 轴□

续表

序　号	实 施 内 容	答 案 选 择		
6	圆弧插补中地址 J 表示哪个坐标轴增量？	X 轴□	Y 轴□	Z 轴□
7	圆弧插补中地址 K 表示哪个坐标轴增量？	X 轴□	Y 轴□	Z 轴□
8	在出现圆弧插补的同一个程序段中，能出现直线插补吗？	能□		不能□
9	现有机床的圆弧插补指令格式有几种？	一种□		两种□
10	圆弧插补的程序段可以执行刀具半径补偿吗？	能□		不能□

情景描述

某机械加工厂有一批机器的开关旋钮经长期使用，现在大部分已经破裂，影响开关的性能，需要更换，如图 6-1 所示。现委托我校完成这些开关旋钮的零件加工，批量为 30 件，图纸如图 6-2 所示。

图 6-1　汽车测试机

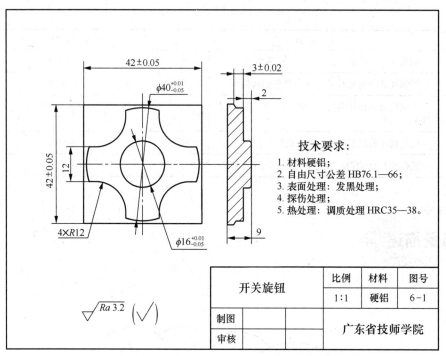

技术要求：

1. 材料硬铝；
2. 自由尺寸公差 HB76.1—66；
3. 表面处理：发黑处理；
4. 探伤处理；
5. 热处理：调质处理 HRC35—38。

开关旋钮	比例	材料	图号
	1:1	硬铝	6-1
制图		广东省技师学院	
审核			

图 6-2　开关旋钮零件图

任务实施

■ 任务实施一　圆弧轮廓零件的加工

一、图纸分析

1. 机床选择分析

从零件图可以看出，此零件外形属于方形零件，并且尺寸较小，可以选择在数控铣床上完成全部特征加工。

2. 零件特征分析

此零件的特征不多，由 3 个凸台组成，最底层是 42×42×4 的四边形凸台，全部是由直线组成，可以采用前面学过的直线插补和半径补偿指令完成加工。第二层是由 8 段圆弧组成的十字形凸台，需要学习圆弧加工的新指令才能完成。最顶层是 $\phi16$ 的圆形凸台，同样需要学习圆加工的新指令来完成。

3. 技术要求分析

从零件图可以看出，此开关旋钮的精度要求不高，外形最高精度公差要求为 0.06mm，底面最高精度公差要求为 0.04mm，表面要求为 Ra3.2，通过修改半径补偿值分粗加工→精加工两个工艺可以保证，但要注意的是每个尺寸的偏差不一样，需要控制好。另外，开关旋钮的技术要求需要发黑处理，并且做探伤处理，说明此零件的表面要求较高，不允许摔伤和有刮痕等。

二、加工准备

根据图纸分析所需要的工具、量具、刀具等，进行领取登记。

1．机床准备

根据学校的机床情况和零件的尺寸特征，选择南通数控铣床 983M。

2．刀具准备

从零件图可以分析出，此零件都是凸台，属于二维轮廓，最小凹圆弧为 $R12$，因此可以选择尽量大的刀具，根据数铣车间的刀具情况，选择一把 $\phi12$ 粗加工平底铣刀和一把 $\phi12$ 精加工平底铣刀。

3．夹具准备

从图纸可以看出，此零件的最大外形属于正四方形，因此采用平口钳装夹，根据平口钳的规格，这里选择 3 寸的精密平口钳。另外选择虎钳扳手。

4．量具准备

根据零件图的尺寸及精度要求，需要的量具有：游标卡尺、深度千分尺、0～25 外径千分尺、25～50 外径千分尺。

三、零件编程

1．基点计算

从零件图中可以看出，底层的方形凸台和顶层的圆形凸台不要计算基点，可以直接从尺寸中获取，主要是第二层凸台由圆弧连接而成，需要计算基点方可编程。从第二层凸台轮廓形状可以看出，其形状是对称的，因此只需要计算一个象限的基点即可。计算结果如图 6-3 所示。

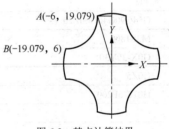

图 6-3　基点计算结果

2．程序编制

（1）底层四方形凸台加工：请完成填写表 6-2 空白处内容。

表 6-2　　　　　　　　　　四方形凸台程序编制相关任务

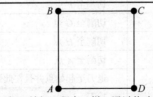

备注：粗、精加工程序一样，通过修改刀补可实现。

O0001	四方形凸台
G54G90G40G0Z20	初始化与 Z 轴高度定位
M3S1800	主轴正转
	起始点定位至毛坯外面安全位置
G0Z5	定位安全高度
G01Z-9F200	定位加工深度
	开始建立半径补偿到 A 点
Y21	切削至 B 点（粗加工采用逆铣）
X21	切削至 C 点

续表

Y-21	切削至 *D* 点
X-21	切削至 *A* 点
	退刀至起始点并且在此过程中取消刀具补偿值
G00Z20M5	抬刀
M30	程序结束并返回第一段

（2）第二层十字形凸台加工：请完成填写表 6-3 空白处内容。

表 6-3　　　　　　　　　十字形凸台程序编制相关任务

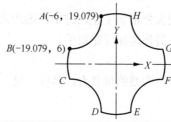

A(-6, 19.079)　*H*

B(-19.079, 6)　　*G*

C　　*F*

D　*E*

O0002	十字形凸台
G54G90G40G00Z20	高度定位
M3S1800	主轴正转
G0X-30Y30	起始点定位至毛坯外面安全位置
G0Z5	定位安全高度
G01Z-5F200	定位加工深度
	开始建立半径补偿到 *A* 点
	切削至 *B* 点（粗加工采用逆铣）
	切削至 *C* 点
	切削至 *D* 点
	切削至 *E* 点
	切削至 *F* 点
	切削至 *G* 点
	切削至 *H* 点
	切削至 *A* 点
G40G01X-30Y30	退刀至起始点并且在此过程中取消刀具补偿值
G00Z20M5	抬刀
M30	程序结束并返回第一段

（3）顶层圆形凸台加工：请完成填写表 6-4 空白处内容。

表 6-4　　　　　　　　　圆形凸台程序编制相关任务

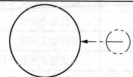

O0003	顶层圆形凸台
G54G90G40G00Z20	初始化与高度定位

续表

M3S1800	主轴正转
G0X30Y0	起始点定位至毛坯外面安全位置并和象限点对齐
G0Z5	定位安全高度
G01Z-2F200	定位加工深度
	开始建立半径补偿到右边限点
	铣削圆形凸台
	退刀至起始点并且在此过程中取消刀具补偿值
G00Z20M5	抬刀
M30	程序结束并返回第一段

（4）程序验证。

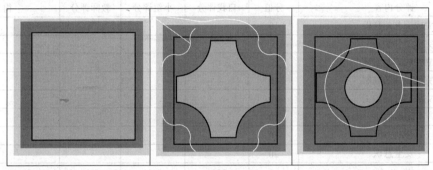

四、零件加工（略）

加工过程中，精加工后必须进行检测，确保尺寸符合精度要求。

五、零件检测

根据评分标准进行检测分析，检测评分表见表6-5。

表6-5 开关旋钮检测评分表

序号	考核项目	考核内容及要求		配分	评分标准	检测结果	自我评分	原因分析	小组检测	小组评分	老师核查
1	尺寸要求	42	±0.05	10	超差0.01扣2分						
2		42	±0.05	10	超差0.01扣2分						
3		ϕ40	+0.01-0.05	10	超差0.01扣2分						
4		ϕ16	+0.01-0.05	10	超差0.01扣2分						
5		2	±0.02	5	超差0.01扣1分						
6		3	±0.05	10	超差0.01扣1分						
7		9	±0.05	5	超差0.01扣1分						
8		4×R12	±0.06	10	超差0.01扣1分						
9	形位公差	平行度		10	超差0.01扣1分						
10		垂直度		10	超差0.01扣1分						
11	粗糙度	Ra3.2		10	降一级扣2分						
12	安全操作，文明生产				违章视情节轻重扣1～20分，扣分不超过20分						
	评分员				检测员			总分			

六、零件加工经验总结

每台机床小组总结加工中碰到的问题及如何解决的方法。

任务考核

请对照任务考核表（见表6-6）评价完成任务结果。

表6-6   任务考核

课程名称	数控铣工工艺与技能		任务名称	圆弧曲线轮廓的加工		
学生姓名			工作小组			
	评分内容	分值	自我评分	小组评分	教师评分	得分
任务质量	独立完成工艺的分析	10				
	独立完成工件装夹	5				
	独立完成刀具安装	5				
	独立完成零件的编制	20				
	独立完成零件的加工	20				
	团结协作	10				
	劳动态度	10				
	安全意识	20				
	权　　重		20%	30%	50%	
总体评价	个人评语：					
	教师评语：					

相关知识

■ 相关知识　圆弧插补指令

一、圆弧插补（G02，G03）

G02、G03 指令用于指令圆弧插补。其中，G02 表示顺时针圆弧插补；G03 表示逆时针圆弧插补，如图 6-4 所示。

圆弧插补的顺、逆方向的判断方法：沿圆弧所在平面（如 XY 平面）的另一根轴（Z 轴）的正方向向负方向看，顺时针方向为 G02，逆时针方向为 G03，如图 6-5 所示。

二、圆弧的种类

圆弧根据其圆心角的大小可分为三类。

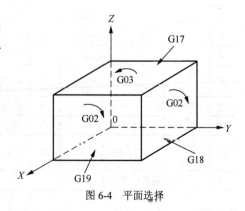

图 6-4　平面选择

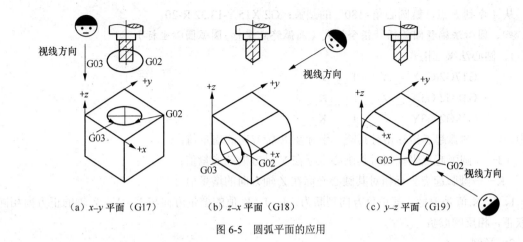

(a) x–y 平面（G17）　　　(b) z–x 平面（G18）　　　(c) y–z 平面（G19）

图 6-5　圆弧平面的应用

（1）圆心角≤180°，优圆弧，如图 6-6（a）所示。

（2）180°<圆心角<360°，劣圆弧，如图 6-6（b）所示。

（3）圆心角等于360°，整圆，如图 6-6（c）所示。

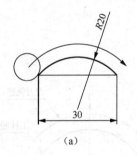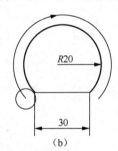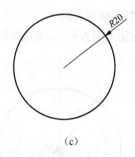

(a)　　　　　　　(b)　　　　　　　(c)

图 6-6　不同圆心角所对应的圆弧

三、半径法编程圆弧插补指令格式（圆弧终点坐标+圆弧半径）

1. 圆心角≤180°的格式

G17 G2/G3 X___ Y___ R___

G18 G2/G3 X___ Z___ R___

G19 G2/G3 Y___ Z___ R___

其中：G17/G18/G19——XY 平面/XZ 平面/YZ 平面；

X/Y/Z——圆弧终点坐标；R——圆弧半径

2. 180°<圆心角<360°的格式

其格式与前面差不多，但不一样的是其半径格式不一样，其值为负值。

G17 G2/G3 X___ Y___ R−___

G18 G2/G3 X___ Z___ R−___

G19 G2/G3 Y___ Z___ R−___

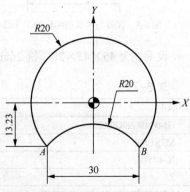

图 6-7　优弧与劣弧的编程加工（半径法）

3. 举例

从 A 点到 B 点，铣圆心角<180°的圆弧：G2 X15 Y-13.32 R20；

从 *A* 点到 *B* 点，铣圆心角>180°的圆弧：G2 X15 Y-13.32 R-20。

四、圆心法编程圆弧插补指令格式（圆弧终点坐标+圆弧圆心坐标）

1．圆心法编程格式：

G17G2/G3X＿＿＿Y＿＿＿I＿＿＿J＿＿＿

G18G2/G3X＿＿＿Z＿＿＿I＿＿＿K＿＿＿

G19G2/G3Y＿＿＿Z＿＿＿J＿＿＿K＿＿＿

其中：I——圆弧起点坐标相对其圆心坐标在 X 轴方向的增量值；

　　　J——圆弧起点坐标相对其圆心坐标在 Y 轴方向的增量值；

　　　K——圆弧起点坐标相对其圆心坐标在 Z 轴方向的增量值。

I、J、K 值是矢量。其正负方向判断为：I、J、K 值的增量方向与 X、Y、Z 轴的正方向相同的取正，相反的取负。

2．举例

采用圆心法编程如图 6-8 所示的例子，已知 O_1、O_2 两圆弧的圆心坐标值。

从 *A* 点到 *B* 点，铣圆心角<180°的圆弧：G2 X15 Y-13.32 I15J-13.23；

从 *A* 点到 *B* 点，铣圆心角>180°的圆弧：G2 X15 Y-13.32 I15J13.23。

3．整圆编程举例

编程加工图 6-9 所示的整圆。

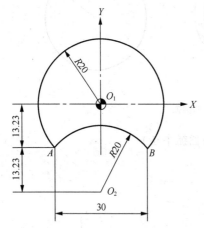

图 6-8　优弧与劣弧的编程加工（圆心法）

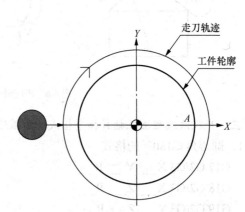

图 6-9　整圆编程加工（圆心法）

设毛坯为 45×45×20，铣 2mm 深度，编程如表 6-7 所示。

表 6-7　　　　　　　　　　　　　编制程序

O0001	
G54G40G90G0Z20	初始化与高度定位
M3S1000	主轴正转
X-40Y0	XY 平面定位
Z5	快速下刀至安全高度
G1Z-2F300	慢速下刀至加工深度
G41D1X-20Y0	建立刀补至轮廓上
G2I20	执行刀补并加工整圆

续表

O0001	
G1G40X-40Y0	取削刀补至定位点上
G0Z20	快速抬刀
M5	主轴停止
M30	程序结束并返回起始点

知识拓展

■ 知识拓展一　零件加工

（1）根据图 6-10 所示零件图，进行零件加工。

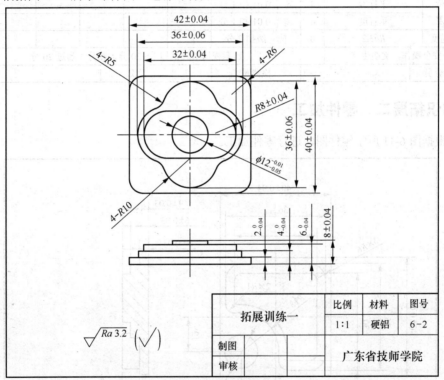

图 6-10　拓展训练一零件图

（2）完成检测分析表（见表 6-8）。

表 6-8　　　　　　　　　　　　　拓展训练一检测评分表

序号	考核项目	考核内容及要求		配分	评分标准	检测结果	自我得分	原因分析	小组检测	小组评分	老师核查
1	尺寸要求	42	±0.04	6	超差 0.01 扣 1 分						
2		40	±0.04	6	超差 0.01 扣 1 分						
3		36	±0.06	4	超差 0.01 扣 1 分						

续表

序号	考核项目	考核内容及要求		配分	评分标准	检测结果	自我得分	原因分析	小组检测	小组评分	老师核查
4		36	±006	4	超差 0.01 扣 1 分						
5		32	±0.04	6	超差 0.01 扣 1 分						
6		R8	±0.04	4	超差 0.01 扣 1 分						
7		4×R5	±0.06	4	超差 0.01 扣 1 分						
8	尺寸要求	4×R6	±0.06	4	超差 0.01 扣 1 分						
9		4×R10	±0.06	4	超差 0.01 扣 1 分						
10		$\phi12$	+0.01-0.04	6	超差 0.01 扣 1 分						
11		2	±0.06	6	超差 0.01 扣 1 分						
12		4	±0.06	6	超差 0.01 扣 1 分						
13		6	±0.06	6	超差 0.01 扣 1 分						
14		8	±0.06	6	超差 0.01 扣 1 分						
17	形位公差	平行度		4	超差 0.01 扣 1 分						
18		垂直度		4	超差 0.01 扣 1 分						
19	粗糙度	Ra3.2		8	降一级扣 2 分						
20	安全操作，文明生产				违章视情节轻重扣 1~20 分，扣分不超过 20 分						
	评分员				检测员		总分				

■ 知识拓展二　零件加工

1. 根据图 6-11 所示零件图，进行零件加工。

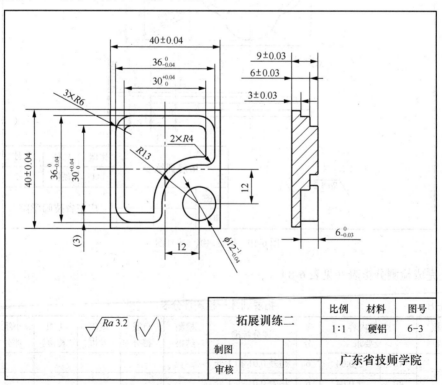

图 6-11　拓展训练二零件图

2. 完成检测评分表（表 6-9）。

表 6-9 拓展训练二检测评分表

序号	考核项目	考核内容及要求		配分	评分标准	检测结果	自我得分	原因分析	小组检测	小组评分	老师核查
1	尺寸要求	40	±0.04	6	超差 0.01 扣 1 分						
2		40	±0.04	6	超差 0.01 扣 1 分						
3		36	0 −0.04	4	超差 0.01 扣 1 分						
4		36	0 −0.04	4	超差 0.01 扣 1 分						
5		30	+0.04	6	超差 0.01 扣 1 分						
6		30	0 +0.040	4	超差 0.01 扣 1 分						
7		3×$R6$	±0.06	4	超差 0.01 扣 1 分						
8		2×$R4$	±0.06	4	超差 0.01 扣 1 分						
9		$R13$	±0.06	4	超差 0.01 扣 1 分						
10		$\phi12$	−1 −0.04	4	超差 0.01 扣 1 分						
11		3	±0.03	6	超差 0.01 扣 1 分						
12		6	±0.03	6	超差 0.01 扣 1 分						
13		6	0 −0.03	6	超差 0.01 扣 1 分						
14		9	±0.03	6	超差 0.01 扣 1 分						
15	几何公差	平行度		4	超差 0.01 扣 1 分						
16		垂直度		4	超差 0.01 扣 1 分						
17	粗糙度	$Ra3.2$		8	降一级扣 2 分						
18	安全操作，文明生产				违章视情节轻重扣 1~20 分，扣分不超过 20 分						
19	评分员				检测员			总分			

■ 现场整理及设备保养

请对照现场整理及设备保养表（见表 6-10）完成任务。

表 6-10 现场整理及设备保养表

1. 打扫实习场地卫生，清理工、量、刀具等进行分类归位
2. 按照机床日常维护保养要求对机床每天加以保护
3. 按照安全文明生产要求整理实习场地
4. 认真检查关水、关电、关门

7 子程序功能的应用

■ 本任务学习目标

1. 理解子程序的调用和调用过程。

2. 熟练掌握调用子程序功能指令编程。

3. 能独立操作机床编程加工技能训练题。

■ 本任务建议课时

30 学时。

■ 本任务工作流程

1. 新课导入。

2. 检查讲评学生完成导读页工作情况。

3. 调用子程序功能指令知识讲解。

4. 组织学生操作数控铣床加工工件实习。

5. 巡回指导学生实习。

6. 进行综合案例及影像资料理论讲解。

7. 组织学生对"拓展问题"进行讨论。

8. 完成本任务学习测试。

9. 测试结束后，组织学生填写活动评价表。

10. 小结学生学习情况。

■ 本任务教学准备

1. 设备：数控铣床 10～15 台。

2. 工具：铝块 45mm×45mm×20mm、铣刀 φ8mm、游标卡尺 0～150mm。

3. 辅具：影像资料及课件，本任务学习测试资料。

课前导读

请完成表 7-1 中的内容。

表 7-1　　　　　　　　　　　　课前导读

序　号	实 施 内 容	答 案 选 择		
1	调用子程序指令是什么？	M98 □	M99 □	G98 □
2	子程序执行完后能否返回主程序？	能□	不能□	
3	调用子程序嵌套最多调用多少次？	一次□	三次□	四次□
4	子程序能不能单独加工？	能□	不能□	

续表

序　号	实 施 内 容	答 案 选 择		
5	调用子程序格式 M98 L___ P___;	对□	错□	
6	采用子程序加工平面时，重复刀步有多少步？	四步□	三步□	二步□
7	执行调用子程序时，省略重复次数，则认为重复调用次数为 1 次。	不对□	对□	
8	为进一步简化程序，可执行子程序调用另一个子程序，这称为子程序嵌套。	不对□	对□	
9	子程序的结构与主程序的结构是不同的。	错□	对□	
10	调用子程序指令（　　）。	G98□	M99□	M98□
11	结束子程序指令（　　）。	M98□	M99□	G99□
12	调用子程格式中，子程序名要全称写入。	对□	不对□	
13	使用调用子程序功能编程是为了使程序简单化。	对□	错□	
14	调用子程序加工深度较深的工件，每次下刀量是采用绝对值编程的。	对□	错□	
15	调用子程序一种格式：M98P0000××××；地址 P 后面的八位数字中，前四位 0000 表示程序序号，后四位××××表示调用次数。	对□	错□	

情景描述

　　某机械加工厂李师傅接到一个齿轮盖凸模件加工的订单，其零件图如图 7-1、图 7-2 所示。如果请你加工这个零件的话，你有办法完成这个工件的加工吗？你知道应该具备哪些知识才可以编制其加工程序吗？不妨看看下面的内容就知道了。

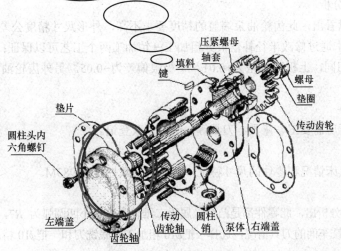

图 7-1　齿轮油泵爆炸分解图

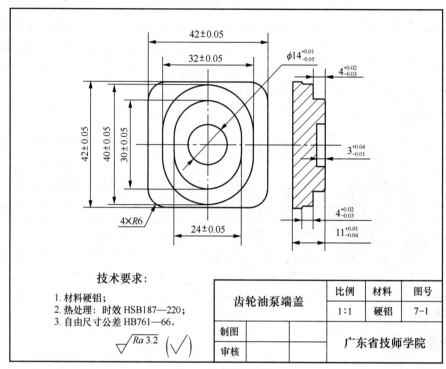

技术要求：

1. 材料硬铝；
2. 热处理：时效 HSB187—220；
3. 自由尺寸公差 HB761—66。

$\sqrt{Ra\,3.2}$ （ $\sqrt{}$ ）

齿轮油泵端盖		比例	材料	图号
		1:1	硬铝	7-1
制图			广东省技师学院	
审核				

图 7-2 齿轮油泵端盖

任务实施

一、图纸分析

1．零件特征分析

此零件的特征不多，由 3 个凸台和一个凹圆槽组成。第一层和第二层是类似跑道形状的凸台，都是 4mm 深；第一层的顶部是 $\phi14$ 的圆形凹槽，最底层是 42×42×11 的带圆角的四边形凸台。

2．技术要求分析

从零件图可以看出，此齿轮油泵端盖的精度要求不高，外形尺寸精度公差要求为 0.05mm，表面要求为 $Ra3.2$，通过修改半径补偿值分粗加工→精加工两个工艺可以保证；顶部 $\phi14$ 的圆形凹槽尺寸跟外形不相同，上极限偏差为+0.01，下极限偏差为−0.05。另外齿轮油泵端盖的技术要求需要时效热处理。

二、加工准备

根据图纸分析所需要工、量具、刀具等，进行领取登记。

1．机床准备

根据学校的机床情况和零件的尺寸特征，选择南通数控铣床 983M。

2．刀具准备

从零件图可以分析出，此零件都是凸台，属于二维轮廓，最小凹圆弧为 $R7$，因此可以选择尽量大的刀具。根据数铣车间的刀具情况，选择一把 $\phi10$ 粗加工平底铣刀和一把 $\phi10$ 精加工平底铣刀。

3. 夹具准备

从图纸可以看出，此零件的最大外形属于正四方形，因此采用平口钳装夹。根据平口钳的规格，这里选择 3 寸的精密平口钳。另外选择虎钳扳手。

4. 量具准备

根据零件图的尺寸及精度要求，需要的量具有：游标卡尺、深度千分尺、0～25 外径千分尺、25～50 外径千分尺。

三、零件编程

1. 基点计算

从零件图中可以看出，底层的方形凸台和顶层的圆形凸台不需要计算基点，可以直接从尺寸中获取。

2. 程序编制

（1）底层四方形凸台加工：请完成填写表 7-2 空白处内容。

表 7-2　　　　　　　　　　四方形凸台编程相关任务

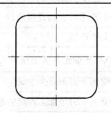

备注：粗、精加工程序一样，通过修改刀补可实现。

O0001	四方形凸台主程序（以 FANUC 系统为例）
G54G90G40G0Z20	初始化与 Z 轴高度定位
M3S1800	主轴正转
＿＿＿＿＿＿	XY 平面定位（毛坯外面安全位置）
Z5	快速下刀至安全平面
G1Z1F200	慢速下刀至加工深度的起始点
＿＿＿＿＿＿	调用子程序 0002，调用 6 次
G90G0Z20	
M5	主轴停止
M30	程序结束并返回第一段
O0002	子程序
评分	每刀加工深度，每刀加工 2mm
＿＿＿＿＿＿	建立刀具半径补偿
Y15	
G2X−15Y21R6	
G1X15	
＿＿＿＿＿＿	
	切削轮廓
G2X15Y−21R6	
G1X −15	
G2X−21Y−15R6	
G1Y1	
＿＿＿＿＿＿	取消刀补至定位点上
M99	返回主程序

（2）第一、二层程序（由学生完成）。

（3）顶层圆形凹槽加工：请完成填写表 7-3 空白处内容。

表 7-3　　　　　　　　　　顶层圆形凹槽编程相关任务

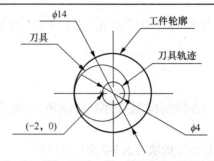

备注：粗、精加工程序一样，通过修改刀补可实现。

O0003（带刀补编程加工）	顶层圆形凹槽主程序（以 FANUC 系统为例）
G54G90G40G0Z20	初始化与 Z 轴高度定位
M3S1800	主轴正转
	XY 平面定位（毛坯里面安全位置上方）
Z5	快速下刀至安全平面
G1Z0F200	慢速下刀至加工深度的起始点
	调用子程序 0004，调用 6 次
G90G0Z20	
M5	主轴停止
M30	程序结束并返回第一段
O0004	子程序
	螺旋下刀，每刀加工 0.5mm
	建立刀具半径补偿并加工工件轮廓
	取消刀补至定位点上
M99	返回主程序

请同学们不采用刀补来完成该圆的编程。

四、零件加工

加工过程中，精加工后必须进行检测，确保尺寸符合精度要求。

五、零件检测分析

根据评分标准进行检测和分析，完成表 7-4。

表 7-4　　　　　　　　　　齿轮油泵端盖零件检测分析表

序号	考核项目	考核内容及要求		配分	评分标准	检测结果	自我得分	原因分析	小组检测	小组评分	老师核查
1	尺寸要求	42	±0.05	8	超差 0.01 扣 2 分						
2		42	±0.05	8	超差 0.01 扣 2 分						
3		40	±0.05	8	超差 0.01 扣 2 分						

续表

序号	考核项目	考核内容及要求		配分	评分标准	检测结果	自我得分	原因分析	小组检测	小组评分	老师核查
4	尺寸要求	32	±0.05	8	超差 0.01 扣 2 分						
5		30	±0.05	8	超差 0.01 扣 1 分						
6		24	±0.05	8	超差 0.01 扣 1 分						
7		4×R6	±0.05	4	超差 0.01 扣 1 分						
8		$\phi16$	+0.01 −0.05	8	超差 0.01 扣 1 分						
9		3	+0.02 −0.03	8	超差 0.01 扣 1 分						
10		4	+0.04 −0.01	8	超差 0.01 扣 1 分						
11		11	+0.01 −0.04	8	超差 0.01 扣 1 分						
12	形位公差	平行度		4	超差 0.01 扣 1 分						
13		垂直度		4	超差 0.01 扣 1 分						
14	粗糙度	Ra3.2		8	降一级扣 2 分						
15	安全操作，文明生产				违章视情节轻重扣 1～20 分，扣分不超过 20 分						
	评分员					检测员			总 分		

六、零件加工经验总结

每台机床小组总结加工中碰到的问题及如何解决的方法。

任务考核

请对照任务考核表（见表 7-5）评价完成任务结果。

表 7-5　　　　　　　　　　任务考核

课程名称	数控铣工工艺与技能		任务名称	子程序功能的应用		
学生姓名			工作小组			
评分内容		分值	自我评分	小组评分	教师评分	得分
任务质量	独立完成工艺的分析	10				
	独立完成工件装夹	5				
	独立完成刀具安装	5				
	独立完成零件的编制	20				
	独立完成零件的加工	20				
团结协作		10				
劳动态度		10				
安全意识		20				
权重			20%	30%	50%	
总体评价	个人评语：					
	教师评语：					

相关知识

■ 相关知识一　子程序相关知识

1．子程序的定义

（1）主程序：指一个完整的零件加工程序，或是零件加工程序的主体部分，它和被加工零件或加工要求——对应，不同的零件或不同的加工要求，都有唯一的主程序。

（2）子程序：在编制加工程序中，有时会遇到一组程序段在一个程序中多次出现，或者在几个程序中都要使用它的情况。这个典型的加工程序可以做成固定程序，并单独加以命名，这组程序段就称为子程序。

（3）调用子程序指令：调用子程序指令为 M98；结束子程序指令为 M99。

（4）说明：子程序一般都不可以作为独立的加工程序使用，它只能通过主程序来调用，实现加工中的局部动作。子程序执行结束后，能自动返回到调用的主程序中。

2．子程序格式

（1）第一种格式：M98 P＿＿＿ L＿＿＿

其中：P——子程序号；

L——重复调用次数，省略重复次数，则认为重复调用次数为 1 次。

举例：M98 P1234 L3　如图 7-3 所示。

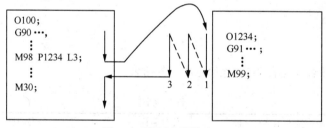

图 7-3　子程序调用格式一

（2）第二种格式：　M98　P××××0000

地址 P 后面的八位数字中，前四位××××表示程序序号，后四位 0000 表示调用次数，如图 7-4 所示。采用此种调用格式时，调用次数前的 0 可以省略不写，但子程序号前的 0 不能省略。

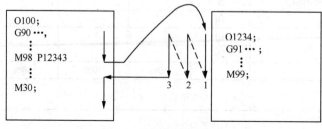

图 7-4　子程序调用格式二

（3）子程序的嵌套。为进一步简化程序，可执行子程序调用另一个子程序，称为子程序的嵌套。子程序可以嵌套四级，如图7-5所示。

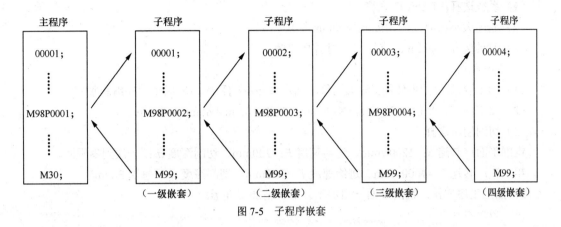

图7-5 子程序嵌套

■ 相关知识二 子程序的应用

一、零件图

四方形零件如图7-6所示，进行零件加工。

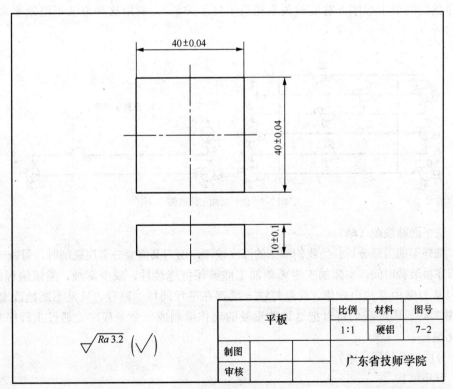

图7-6 铣平面零件图

二、零件图分析

1．加工前准备工作

（1）系统选择：FANUC 系统。

（2）毛坯大小：45mm×45mm×20mm 铝块。

（3）刀具选择：ϕ12 mm 立铣刀、材料高速钢。

2．工艺分析

（1）加工要求：根据零件图 7-6 编出铣平面和铣轮廓的程序，应用子程序编程加工。

（2）加工内容：平面加工 40mm×40 mm；外形 40mm×40mm×20mm。

（3）切削用量选择。

铣削平面：转速 S：1200r/min、进给速度 F：200mm、切削深度 a_p：一次到零平面。

粗加工：转速 S：1000r/min、进给速度 F：300mm、切削深度 a_p：每次 2mm。

3．加工工序安排：铣削平面→粗加工外形→精加工外形。

三、刀路分析

（1）铣平面的刀路分析。之前采用用手摇或按走刀的轨迹一走一走的编程，就是使刀具来来回回进行铣削平面，当遇到平面大刀具直径小的情况时，如果还采用这种做法就显得费劲和不科学了，也需要花费过多的时间。那应该怎么才能又快又好地铣好一个平面呢？从如图 7-7 所示的路径图中可以发现，我们所走的刀具路线都是一直重复着四个步骤，将这些重复的步骤单独编成一个程序，这就是我们这节课所要讲的子程序；子程序被另一个程序调用，这个程序我们叫做主程序（它们的关系相当于父子关系）。利用这种方法不但效率高而且不易出错。

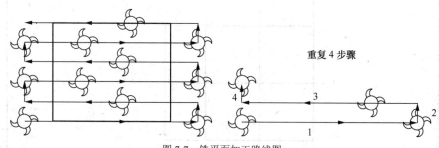

图 7-7　铣平面加工路线图

（2）铣平面路线图（略）。

（3）铣外形的刀路分析。当我们加工的深度较深，而刀具需要分多层铣削时，每铣一层就停下来改程序很浪费时间。实际加工中希望加工能够保持连续性，减少麻烦，缩短编程的时间。我们可以从刀路中寻找出规律，就是每铣一层都在进行同样的路径，只是不断地改变加工深度（见图 7-8）。因此我们可以把这这些重复的动作编制成一个子程序，通过主程序来调用，从而简化编程。

（4）分层铣路线图（略）。

四、程序编制

1．铣平面程序如表 7-6 所示。

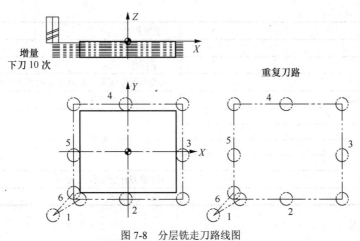

图 7-8 分层铣走刀路线图

表 7-6　　　　　　　　　　　　铣平面程序

O0001	主程序（以 FANUC 系统为例）
G54G90G40G0Z20	初始化与 Z 轴高度定位
M3S1200	主轴正转
X-35Y-22.5	XY 平面定位（毛坯外面安全位置）
Z5	快速下刀至安全平面
G1Z0F200	慢速下刀至加工深度的起始点
M98P40002	调用子程序 0002，调用 4 次
G90G0Z20	快速抬刀
M5	主轴停止
M30	程序结束并返回第一段
O0002	子程序
G91G1X70	
Y10	
X-70	采用增量编程，编制重复的四个步骤。
Y10	
M99	返回主程序

2．分层铣外形见表 7-7。

表 7-7　　　　　　　　　　　　外形铣程序

O0003	主程序（以 FANUC 系统为例）
G54G90G40G0Z20	初始化与 Z 轴高度定位
M3S1000	主轴正转
X-30Y-30	XY 平面定位（毛坯外面安全位置）
Z5	快速下刀至安全平面
G1Z0F300	慢速下刀至加工深度的起始点
M98P100004	调用子程序 0004，调用 10 次
G90G0Z20	快速抬刀

续表

M5	主轴停止
M30	程序结束并返回第一段
O0004	子程序
G91G1Z-1F300	采用增量编程，编制重复的四个步骤
G90G41D1X-20Y-20	建立刀补至轮廓上
Y20	执行刀补走轮廓
X20	
Y-20	
X-20	
G40G1X-30Y-30	取消刀补至定位点上
M99	返回主程序

五、加工结果

加工结果如图 7-9 所示。

六、总结

图 7-9　加工结果示意图

在加工零件时，常常会出现几何形态完全相同或相近的加工轨迹。在程序编制时，可将重复出现的程序段编辑为"子程序"存放，再通过主程序按格式调出，这样便可简化程序，减少出错的机会，也提高了效率。

■ 相关知识三　螺旋下刀

1．螺旋下刀的概念

螺旋下刀就像我们平常扭螺丝时一样，一边在 XY 方向移动，一边在 Z 轴移动，即在移动 XY 轴的同时 Z 轴也在不断地发生变化。也就是在我们以前学习加工整圆的基础上增加了 Z 轴的移动。它走出来的刀具中心轨迹线就样螺纹似的，所以叫做螺旋下刀。

2．示意图

螺施下刀如图 7-10 所示。

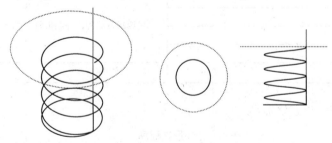

图 7-10　螺旋下刀示意图

3．螺旋下刀的格式

其格式为：G90/G91 G2/G3 X_ Y_ I_ J_ Z_。

4．螺旋下刀注意事项

◆　要判别螺旋下刀半径的大小，不要超过型腔轮廓外（即不要过切），也不要过小（过小等于直插）。

◆　下刀时的速度不能过快。

◆ 下刀的深度应随半径的大小而变化，螺旋下刀半径大些，下刀深度可深些，反之则浅些。

5．编程举例

其编程举例如表 7-8 所示。

表 7-8　　　　　　　　　　　螺旋下刀编程举例程序

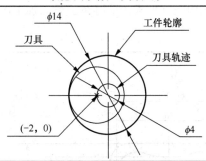

O0001	主程序（铣削深度为 3mm）
G54G90G40G0Z20	初始化与 Z 轴高度定位
M3S1000	主轴正转
X−2Y0	XY 平面定位
Z5	快速下刀至安全高度
G01Z0F200	慢速下刀到 Z 轴初始定位
M98P60002	调用子程序 6 次（FANUC 系统）
G3I2	最后铣削一刀补平底面
G0Z20	快速抬刀
M5	主轴停止
M30	程序结束并返回第一段
O0002	子程序
G91G3I2J0Z-0.5	螺旋下刀每次 0.5mm(斜线下刀加工型腔)
M99	子程序结束并返回主程序

■ 相关知识四　斜线下刀

1．斜下刀的概念

这也是一种用于加工型腔下刀中常用的方法。其定义是：X 轴或 Y 轴在直线（任意角度线）的同时，Z 轴按给定的深度下刀。一般来说斜线下刀走水平线或垂直线的较多。

2．路线图（见图 7-11）

3．斜下刀编程格式

一般来说，斜线下刀走水平线或垂直线的较多。

格式：G91 G1 X_ Z_ F_

　　　　或 G91 G1 Y_ Z_ F_

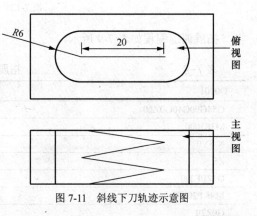

图 7-11　斜线下刀轨迹示意图

其中：X_Y_——幅值；

　　　　Z_——每次加工深度；

　　　　F_——进给速度。

4．斜下刀注意事项

（1）X_Y_为幅值应尽可能的取大值且所走长度必须大于直径值，否则会磨损刀具。

（2）Z_：一般取 0.5～2mm。

5．举例编程

编制图 7-12 中的型腔部分程序。（要求：采用ϕ6 立铣刀加工，其余部分作为拓展训练，学生自觉完成。）

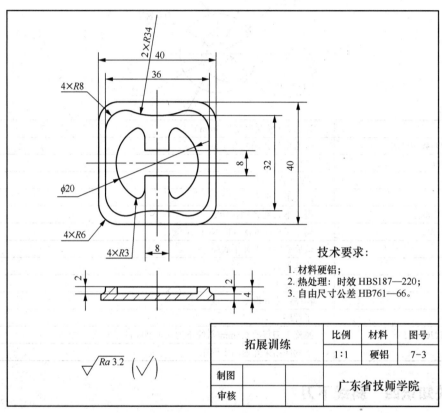

图 7-12　斜线下刀训练零件图

拓展训练编程如表 7-9 所示。

表 7-9　　　　　　　　　　　拓展训练编程程序

O0001	主程序（铣削深度为 2mm）
G54G90G40G0Z20	始初化与 Z 轴高度定位
M3S1000	主轴正转
X-8Y0	XY 平面定位
Z5	快速定位至安全高度
G1Z0F200	慢速下刀至高度起始位置
M98 P20002	调用螺旋下刀程序 1 次（FANUC 系统）
G0Z20	抬刀
M5	主轴停止
M30	程序结束并返回第一段
O0002	子程序

G91 G1 X16 Z-0.5 F150	斜线下刀加工型腔，每次加工 1mm
X-16 Z-0.5	
G90 G1 G42 D1 X-6 Y5	
X5	
Y19.36,R4	自动倒圆角
G2 Y-19.36 R20,R4	
G1Y-5	
X-5	
Y-19.36,R4	
G2Y19.36 R20,R4	
G1 Y4	
G40 X-8 Y0	
M99	子程序结束

知识拓展

■ 知识拓展

1. 根据如图 7-13 所示零件图，进行零件加工。

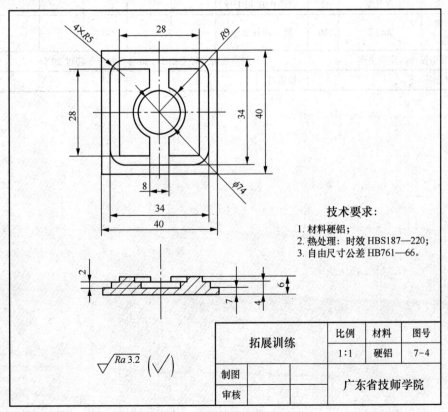

技术要求：

1. 材料硬铝；
2. 热处理：时效 HBS187—220；
3. 自由尺寸公差 HB761—66。

拓展训练		比例	材料	图号
		1:1	硬铝	7-4
制图				
审核		广东省技师学院		

$\sqrt{Ra\,3.2}$ ($\sqrt{}$)

图 7-13 拓展训练零件图

2．拓展训练零件评分表（见表 7-10）

表 7-10 拓展训练零件评分表

序号	考核项目	考核内容及要求		配分	评分标准	检测结果	自我得分	原因分析	小组检测	小组评分	老师核查
1	尺寸要求	40	±0.06	6	超差 0.01 扣 1 分						
2		40	±0.06	6	超差 0.01 扣 1 分						
3		34	±0.2	6	超差 0.01 扣 1 分						
4		34	±0.2	6	超差 0.01 扣 1 分						
5		28	±0.2	6	超差 0.01 扣 1 分						
6		28	±0.06	6	超差 0.01 扣 1 分						
7		$\phi14$	±0.06	6	超差 0.01 扣 1 分						
8		$\phi18$	±0.06	6	超差 0.01 扣 1 分						
9		4× R5	±0.06	6	超差 0.01 扣 1 分						
10		2	±0.06	6	超差 0.01 扣 1 分						
11		2	±0.06	6	超差 0.01 扣 1 分						
12		4	±0.06	6	超差 0.01 扣 1 分						
13		6	±0.06	6	超差 0.01 扣 1 分						
14	形位公差	平行度		2	超差 0.01 扣 1 分						
15		垂直度		2	超差 0.01 扣 1 分						
16	粗糙度	Ra3.2		10	降一级扣 2 分						
17	安全操作，文明生产			违章视情节轻重扣 1～20 分，扣分不超过 20 分							
	评分员			检测员			总　分				

任务八 8 固定循环指令的应用

■ **本任务学习目标**

1. 了解固定循环功能指令。

2. 熟练掌握固定循环动作组成。

3. 理解固定循环功能指令的相关参数设置。

4. 掌握固定循环功能指令的应用。

■ **本任务建议课时**

12 学时。

■ **本任务工作流程**

1. 新课导入。

2. 检查讲评学生完成导读页工作情况。

3. 固定循环功能知识讲解。

4. 组织学生操作机床编程钻孔实习。

5. 综合案例及影像资料进行理论讲解。

6. 巡回指导学生实习。

7. 组织学生对"拓展问题"进行讨论。

8. 本任务学习测试。

9. 测试结束后，组织学生填写活动评价表。

10. 小结学生学习情况。

■ **本任务教学准备**

1. 设备：数控铣机床 10～15 台。

2. 工具：铝块 45mm × 45mm × 20mm、铣刀 ϕ10、钻头 ϕ6、ϕ11、游标卡尺 0～150mm。

3. 辅具：影像资料及课件，本任务学习测试资料。

课前导读

请完成表 8-1 中的内容。

表 8-1　　　　　　　　　　　课前导读

序　号	实 施 内 容	答 案 选 择
1	采用固定循环钻孔，使用一个程序段就可以完成一孔加工的全部动作。	对□　　　错□
2	孔加工固定循环通常由几个动作组成？	3 个□　　5 个□　　6 个□

续表

序　号	实 施 内 容	答 案 选 择		
3	固定循环功能主要用于孔加工，包括钻孔、镗孔、攻螺纹。	对□	错□	
4	在（　）时，Z 值为孔底的绝对坐标值。	G90□	G91□	
5	在（　）时，Z 是 R 平面到孔底的距离。	G90□	G91□	
6	固定循环孔加工时动作 5 是以切削进给方式执行孔加工的动作。	对□	错□	
7	初始平面是为安全进刀切削而规定的一个平面。	对□	错□	
8	（　）决定刀具在返回时达到的 R 点平面。	M98□	G98□	G99□
9	（　）指令返回到初始平面 B 点。	M98□	G98□	G99□
10	在固定循环方式中，G43、G44 仍起着刀具长度补偿的作用。	对□	错□	
11	在固定循环方式中，刀具半径补偿乃有简化编程的作用。	对□	错□	
12	加工盲孔时孔底平面就是孔底的 Z 轴高度。	对□	错□	
13	在指令固定循环之前，必须用辅助功能使主轴旋转。	对□	错□	
14	固定循环钻孔时从（　）平面到孔底是按 F 代码所指定的速度进给。	R 平面□	初始平面□	
15	固定循环指令 G73 在孔底的动作是暂停。	对□	错□	
16	固定循环指令 G83 在孔底的动作不设置。	对□	错□	
17	固定循环指令 G80 是取消固定循环功能指令，但 01 组的 G 指令不能取消固定循环功能。	对□	错□	
18	深孔往复排屑钻孔循环指令是（　）。	G73□	G82□	G83□

情景描述

　　某机械加工厂李师傅接到一个减速箱的视孔盖件加工的订单，其零件图如图 8-1、图 8-2 所示。如果请你加工这个零件的话，你有办法能完成这个工件的加工吗？你知道应该具备哪些知识才可以编制其加工程序吗？不妨看看下面内容就知道了。

图 8-1　减速箱设计模型图

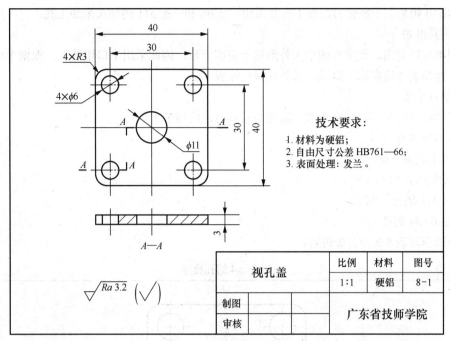

技术要求：

1. 材料为硬铝；
2. 自由尺寸公差 HB761—66；
3. 表面处理：发兰。

视孔盖	比例	材料	图号
	1∶1	硬铝	8−1
制图		广东省技师学院	
审核			

$\sqrt{Ra\,3.2}$ $\left(\sqrt{}\right)$

图 8-2　视孔盖零件图

任务实施

■ 任务实施　带孔零件的加工

一、图纸分析

1．机床选择分析

从零件图可以看出，此零件外形属于方形零件，并且尺寸较小，可以选择在数控铣床上完成全部特征加工。

2．零件特征分析

此零件的特征主要是由大小为φ6 的多个孔组成的视孔盖板。如果采用小刀来加工这些螺钉穿过孔容易断刀，而且效率底。因此，需要想办法来解决这个难题。

3．技术要求分析

由于这些孔都是螺钉穿过孔，因此尺寸精度都较低，也没有位置要求。只是表面需要发黑处理。

二、加工准备

根据图纸分析所需要工、量具、刃具等，进行领取登记。

1．机床准备

根据学校的机床情况和零件的尺寸特征，选择南通数控铣床 983M。

2．刀具准备

从零件图可以分析出，在加工零件外形时可以选择尽量大的刀具，根据数铣车间的刀具情况，

选择一把 $\phi10$ 粗加工平底铣刀，加工孔时采用一把 $\phi6$ 和一把 $\phi11$ 的钻头来加工孔。

3．夹具准备

从图纸可以看出，此零件的最大外形属于正四方形，因此采用平口钳装夹，根据平口钳的规格，这里选择 3 寸的精密平口钳。另外选择虎钳扳手。

4．量具准备

根据零件图的尺寸及精度要求，需要的量具有：游标卡尺。

三、零件编程

1．铣上表面（略）

2．外形凸台加工（略）

3．铣 $\phi11$ 的孔（略）

4．钻 $6\times\phi4$ 的孔

请完成填写表 8-2 空白处内容：

表 8-2　　　　　　　　　　　　　　钻 $6\times\phi4$ 的孔程序

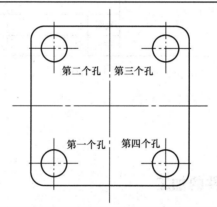

O0001	主程序（以 FANUC 系统为例）
G54G90G40G80G0Z20	初始化与 Z 轴高度定位
M3S1000	主轴正转
X-15Y-15	定位在零件左下角第一个孔的位置
Z2	快速下刀至安全平面
_____	加工第一个孔
_____	加工第二个孔
_____	加工第三个孔
_____	加工第四个孔
G90G80G0Z20	快速抬刀
M5	主轴停止
M30	程序结束并返回第一段

四、零件加工

加工过程时，注意垫铁的位置，应避开垫铁。

五、零件检测（略）

六、零件加工经验总结

每台机床小组总结加工中碰到的问题及如何解决的方法。

任务考核

请对照任务考核表（见表 8-3）评价完成任务结果。

表 8-3 　　　　　　　　　　　任务考核

课程名称	数控铣工工艺与技能		任务名称	固定循环指令的应用			
学生姓名			工作小组				
	评分内容	分值	自我评分	小组评分	教师评分	得分	
任务质量	独立完成工艺的分析	10					
	独立完成工件装夹	5					
	独立完成刀具安装	5					
	独立完成零件的编制	20					
	独立完成零件的加工	20					
	团结协作	10					
	劳动态度	10					
	安全意识	20					
	权　　重		20%	30%	50%		
总体评价	个人评语：						
	教师评语：						

相关知识

■ 相关知识一　固定循环指令及钻孔动作

1. 固定循环指令（见表 8-4）

表 8-4 　　　　　　　　　　　固定循环指令表

G 代码	钻削（−Z 方向）	在孔底的动作	回退（+方向）	应　　用
G73	间歇进给	无动作	快速移动	高速深孔钻循环
G74	切削进给	停刀→主轴正转	切削进给	左旋攻螺纹循环
G76	切削进给	主轴定向停止	快速移动	精镗循环
G80	无动作	无动作	无动作	取消固定循环
G81	切削进给	无动作	快速移动	钻孔循环，点钻循环

续表

G 代码	钻削（-Z 方向）	在孔底的动作	回退（+方向）	应　用
G82	切削进给	停刀	快速移动	钻孔循环，锪镗循环
G83	间歇进给	无动作	快速移动	深孔钻循环
G84	切削进给	停刀→主轴反转	切削进给	攻螺纹循环
G85	切削进给	无动作	切削进给	镗孔循环
G86	切削进给	主轴停止	快速移动	镗孔循环
G87	切削进给	主轴正转	快速移动	背镗循环
G88	切削进给	停刀→主轴停止	手动移动	镗孔循环
G89	切削进给	停刀	切削进给	镗孔循环

2．固定循环的动作组成

孔加工固定循环通常由表 8-5 中的 6 个动作组成，图 8-3 中用虚线表示的是快速进给，用实线表示的是切削进给。

表 8-5　　　　　　　　　　　固定循环动作及其顺序图

动作 1	X 轴和 Y 轴定位，刀具快速定位到孔加工的位置
动作 2	快进到 R 点，刀具自初始点快速进给到 R 点（准备切削的位置）
动作 3	孔加工，以切削进给方式执行孔加工的动作
动作 4	在孔底的动作，包括暂停、主轴准停、刀具移位等动作
动作 5	返回到 R 点，继续下一步的孔加工，而又可以安全移动刀具时应选择 R 点
动作 6	快速返回到初始点，孔加工完成后，一般应选择返回初始点

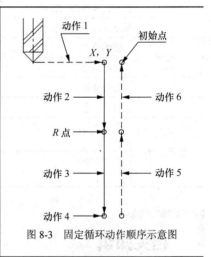

图 8-3　固定循环动作顺序示意图

3．点平面构成（表 8-6）

表 8-6　　　　　　　　　　　点平面构成

初始平面	初始平面是为安全进刀切削而规定的一个平面如图 8-4 所示
R 点平面	R 点平面又叫 R 参考平面，这个平面是刀具进刀切削时由快速转为工进的高度平面，距工件表面的距离主要考虑工件表面尺寸的变化，一般可取 2～5mm
工件表面	工件上表面如图 8-4 所示
孔底平面	加工盲孔时孔底平面就是孔底的 Z 轴高度，加工通孔时一般刀具还要伸长超过工件底平面一段距离，主要是保证全部孔深都加工到尺寸，钻削时还应考虑钻头尖对孔深的影响，如图 8-4 所示

续表

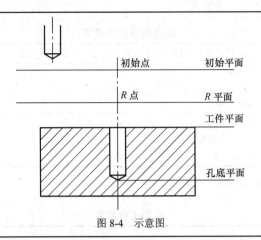

图 8-4　示意图

■ 相关知识二　固定循环的代码组成和参数设置

1. 固定循环的相关指令代码的组成

（1）相关 G 代码：G90 绝对值；G91 相对值，如表 8-7 所示。

表 8-7　　　　　　　　　　　相关 G 代码一

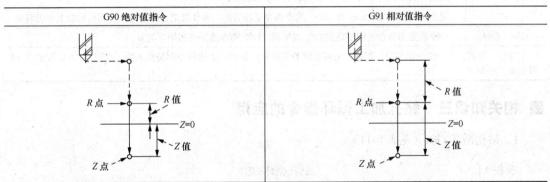

G90 绝对值指令	G91 相对值指令

（2）返回点代码：G98 返回初始点；G99 返回 R 点，如表 8-8 所示。

表 8-8　　　　　　　　　　　相关 G 代码二

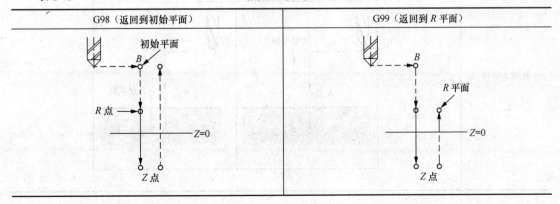

G98（返回到初始平面）	G99（返回到 R 平面）

2．固定循环的参数设定（见表8-9）

表8-9 固定循环的参数表

固定循环的指令参数	由数据形式、返回点平面、孔加工方式三种方式指定。
程序格式	G90 /G91 }G×× X__Y__Z__R__Q__P__F___; G99 /G98
参数注明	G××为孔加工方式，对应于固定循环指令； X、Y 为孔位置坐标； Z、R、Q、P、F 为孔加工参数。

3．孔加工参数（见表8-10）

表8-10 孔加工参数表

设定参数	作　　用
Z	在 G90 时，Z 值为孔底的绝对坐标值，在 G91 时，Z 是 R 平面到孔底的距离，从 R 平面到孔底是按 F 代码所指定的速度进给
R	在 G91 时，R 值为从初始平面（B）到 R 点的增量坐标值；在 G90 时，R 值为绝对坐标值，此段动作是快速进给的
Q	在 G73 和 G83 方式中，规定每次加工的深度，以及在 G87 方式中规定移动值。Q 值一律是增量值，与 G91 的选择无关
P	规定在孔底的暂停时间，用整数表示，以 ms 为单位
F	进给速度，以 mm/min 为单位。这个指令是模态的，即使取消了固定循环在其后的加工中仍有效
G98、G99	G99 决定刀具在返回时达到的 R 点平面，G98 指令返回到初始平面 B 点

上述加工数据，不一定全部都写，根据需要可省略若干地址和数据。上述指令都是模态的，直到用 G80 取消或 01 组的 G 代码取消

■ 相关知识三　钻孔加工循环指令的应用

1．钻孔循环 G81（见表8-11）

表8-11 钻孔循环 G81

程序格式	G81　X__Y__Z__R__F__;
孔加工动作	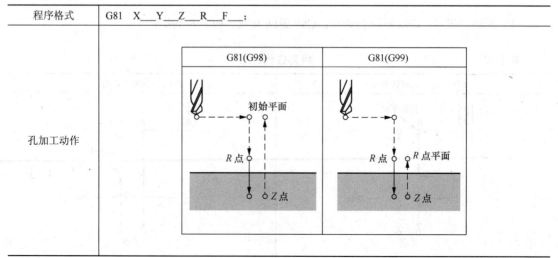

2. 钻孔循环 G82（见表 8-12）

表 8-12　　　　　　　　　　　　　钻孔循环 G82

程序格式	G82　X__Y__Z__R__P__F__；
孔加工动作	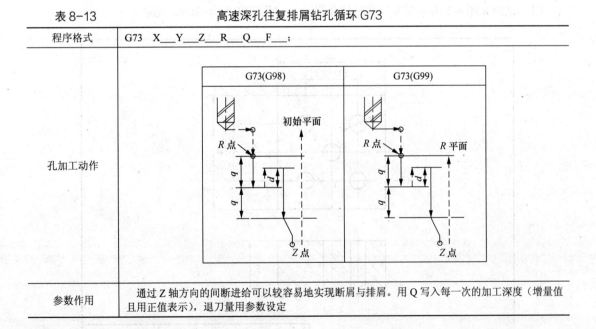

3. 高速深孔往复排屑钻孔循环 G73（见表 8-13）

表 8-13　　　　　　　　　高速深孔往复排屑钻孔循环 G73

程序格式	G73　X__Y__Z__R__Q__F__；
孔加工动作	
参数作用	通过 Z 轴方向的间断进给可以较容易地实现断屑与排屑。用 Q 写入每一次的加工深度（增量值且用正值表示），退刀量用参数设定

4. 深孔往复排屑钻孔循环 G83（见表 8-14）

表 8-14　　　　　　　　　　　　深孔往复排屑钻孔循环 G83

程序格式	G83　X__Y__Z__R__Q__F__;
孔加工动作	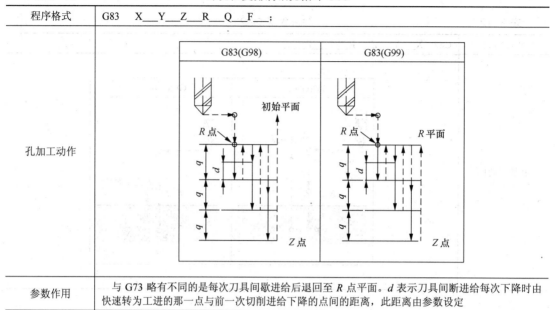
参数作用	与 G73 略有不同的是每次刀具间歇进给后退回至 R 点平面。d 表示刀具间断进给每次下降时由快速转为工进的那一点与前一次切削进给下降的点间的距离，此距离由参数设定

5. 编程举例

（1）试为如图 8-5 所示的零件编写钻孔程序，钻孔深度 Z 点为-20mm 通孔。

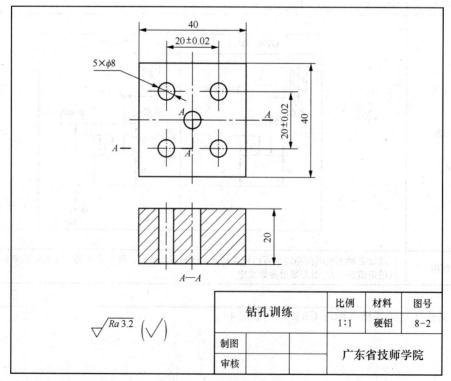

图 8-5　钻孔训练零件图

（2）打中心孔编制程序见表 8-15。

表 8-15　　　　　　　　　打中心孔编制程序

O0001	
G21 G17 G40 G49 G80 G90 G54；	始初化与 Z 轴高度定位
G0 Z50. S450 M3；	主轴正转
X-10. Y-10. M8；	XY 平面定位到第一个孔上方
Z2；	快速定位到 R 平面
G98 G81 Z-2. R2. F50；	采用 G81 钻第一个中心孔
Y10；	钻第二个中心孔
X10；	钻第三个中心孔
Y-10；	钻第四个中心孔
G80；	取消固定循环钻孔功能
G0 Z50；	快速抬刀
M5	主轴停止
M30	程序结束并返回第一段

（3）钻孔程序由学生完成。

6．钻孔注意事项

（1）在指令固定循环之前，必须用辅助功能使主轴旋转。

（2）在固定循环方式中，其程序段必须有 X、Y、Z 轴（包括 R）的位置数据，否则不执行固定循环。若在固定循环方式之前 X、Y 方向已定位，则程序段中可省略 X、Y 位置数据。

（3）撤消固定循环指令除了 G80 外，G00、G01、G02、G03 也能起撤销作用，编程时要注意。

（4）在固定循环方式中，G43、G44 仍起着刀具长度补偿的作用。

（5）操作时应注意，在固定循环中途，若利用复位或急停使数控装置停止，这时孔加工方式和孔加工数据还被存储着，因此在开始加工时要特别注意，使固定循环剩余动作进行到结束。

■ 相关知识四　钻头

1．钻头的应用

钻孔时一般使用钻头，钻头按其结构特点和用途分为麻花钻、扁钻、深孔钻和中心钻等。生产中使用最多的是麻花钻，对于直径为 0.1~80mm 的孔，都可以使用麻花钻加工。

2．麻花钻的组成

标准麻花钻由柄部、颈部和工作部分组成。

3．示意图

钻头示意图如图 8-6 所示。

4．钻头的切削用量（见表 8-16）

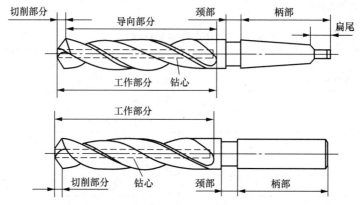

图 8-6 钻头示意图

表 8-16 钻头的切削用量表

	钻孔的进给量（mm/r）				
钻头直径 d_o（mm）	钢 cb（MPa）< 800	钢 cb（MPa）< 800～1000	钢 cb（MPa）> 1000	铸铁、铜及铝合金 HB < 200	铸铁、铜及铝合金 HB > 200
≤2	0.05～0.08	0.04～0.05	0.03～0.04	0.09～0.11	0.0 5～0.07
2～4	0.08～0.10	0.06～0.08	0.04～0.06	0.18～0.22	0.11～0.13
4～6	0.14～0.18	0.10～0.12	0.08～0.10	0.27～0.33	0.18～0.22
6～8	0.18～0.22	0.13～0.15	0.11～0.13	0.36～0.44	0.22～0.26
8～10	0.22～0.28	0.17～0.21	0.13～0.17	0.47～0.57	0.28～0.34
10～13	0.25～0.31	0.19～0.23	0.15～0.19	0.52～0.64	0.31～0.39
13～16	0.31～0.37	0.22～0.28	0.18～0.22	0.61～0.75	0.37～0.45
16～20	0.35～0.43	0.26～0.32	0.21～0.25	0.70～0.86	0.43～0.53
20～25	0.39～0.47	0.29～0.35	0.23～0.29	0.78～0.96	0.47～0.56
25～30	0.45～0.55	0.32～0.40	0.27～0.33	0.9～1.1	0.54～0.66
30～50	0.60～0.70	0.40～0.50	0.30～0.40	1.0～1.2	0.70～0.80

5. 注意事项

（1）在中等刚性零件上钻孔（如箱体形状的薄壁零件、零件上）时，乘系数 0.75。

（2）钻孔后要用铰刀加工的精确孔，低刚性零件上钻孔，斜面上钻孔，钻孔后用丝锥攻螺纹的孔，乘系数 0.5。

（3）为避免钻头损坏，当刚要钻穿时应适当控制进给速度，不能过快。

■ 相关知识五 中心钻

1. 中心钻的作用

中心钻用于孔加工的预制精确定位，引导麻花钻进行孔加工，减少误差，多用于轴类等零件端面上的中心孔加工。

2. 中心钻的规格

中心钻的规格如图 8-7 所示。

材料、高速工具钢 mm

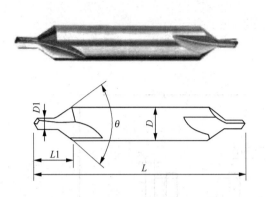

规格	单位	旧标准		新标准	
	支	总长	刃长	总长	刃长
0.8	支	31.5	1	31.5	0.9
1	支	31.5	1.9	31.5	1.3
1.5	支	35.5	2.8	35.5	2
2	支	40	3.3	40	2.5
2.5	支	45	4.1	45	3.1
3	支	50	4.9	50	3.9
4	支	56	6.2	56	5
5	支	63	7.5	63	6.3
6	支	71	9.2	71	8

图 8-7　中心钻规格

3．钻中心孔的切削用量（见表 8-17）

表 8-17　　　　　　　　　　钻中心孔的切削用量表

刀 具 名 称	钻中心孔公称直径（mm）	钻中心孔的切削进给量（mm/r）	钻中心孔切削速度 v（m/min）
中心钻	1	0.02	8～15
中心钻	1.6	0.02	8～15
中心钻	2	0.04	8～15
中心钻	2.5	0.05	8～15
中心钻	3.15	0.06	8～15
中心钻	4	0.08	8～15
中心钻	5	0.1	8～15
中心钻	6.3	0.12	8～15
中心钻	8	0.12	8～15

4．注意事项

（1）用户必须根据被加工零件的孔型及直孔尺寸合理选用中心钻的型号。

（2）被加工工件的硬度在 170～200HB 最宜。

（3）刀具在使用前，必须洗净防锈油脂，以免切屑粘在刀刃上影响切削性能。

（4）被加工工件表面应平直，不得有砂眼或硬质点，以免刀具损伤。

（5）钻孔前的中心钻应达到所需的位置精度。

（6）应根据加工对象选择不同的切削液，冷却应充分。

（7）在加工时出现有异常情况应立即停止，查清原因后方可加工；注意刃口的磨损情况及时修复；刀具使用后要清洗上油，妥善保管。

■ 知识拓展一

（1）固定循环功能怎样加工螺纹？

（2）固定循环功能怎样精镗孔？

■ 知识拓展二

根据图 8-8 完成零件的加工。

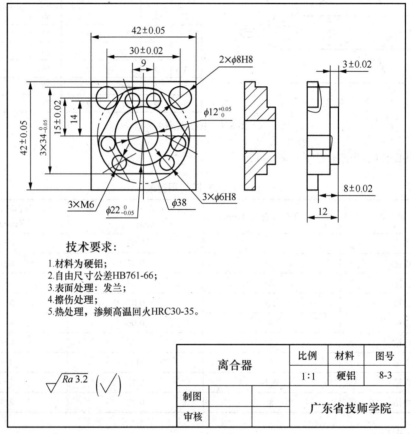

图 8-8　离合器训练零件图

■ 现场整理及设备保养

请对照现场整理及设备保养表（见表 8-18）完成任务。

表 8-18　　　　　　　　　　　现场整理及设备保养表

现场整理及设备保养表
1．打扫实习场地卫生，清理工、量、刀具等进行分类归位
2．按照机床日常维护保养要求对机床每天保护
3．按照安全文明生产要求整理实习场地
4．认真检查关水、关电、关门

任务九 夹具的选择与校正

在数控加工时，加工的零件有各式各样的，有方正的、圆棒的、异形的、标准的、非标准的零件等。针对各种零件的加工，其装夹方法和夹具的选择也不一样。对于数控铣床/加工中心的中级操作人员，应该对各种类型零件的装夹有个基本的了解和选择，本课题主要针对数控加工的夹具选择和校正进行介绍。

■ **本任务学习目标**

1. 能够根据零件类型选择好夹具。

2. 能够正确使用百分表。

3. 能够校正夹具。

■ **本任务建议课时**

6学时。

■ **本任务工作流程**

1. 课前准备。

2. 情景创设、引入课题。

3. 讲解夹具的结构。

4. 讲解夹具的种类。

5. 讲解夹具的选择。

6. 介绍百分表的使用。

7. 介绍夹具的安装及校正。

8. 学生实践、练习。

9. 巡回指导。

10. 教师评改和总结。

■ **本任务教学准备**

1. 教师准备

（1）机房：除了电脑外还需备有黑板、多媒体（投影仪）。

（2）数控机床（每3个人一台）。

（3）台虎钳（每台机床一个）、虎钳扳手、压板、螺栓。

（4）百分表和百分表座。

2. 学生配合准备

（1）草稿本。

（2）笔。

（3）夹具查询手册。

课前导读

请完成表 9-1 中内容：根据下面零件的加工内容，连线选择正确的夹具，可多选和不选。

表 9-1　　　　　　　　　　　　　　　课前导读

	夹具的选择			
	钻圆盘 上的孔			台虎钳
	加工型腔			三爪 卡盘
	加工圆 柱曲面			正弦规
	加工叶 轮片			V 形块
	加工斜面上的孔			组合 夹具

情景描述

同学们在加工的时候有没有注意到，加工装夹零件时，都是在机床有现成的夹具，装上工件就可以直接使用。那同学们有没有反过来想想？要是机床上没有夹具怎么办？通过课前导读，同学们是否有想过根据自己加工的零件类型要选择什么样的夹具？装上夹具后就可以直接使用了吗？需不需要校正平行？这一系列的问题等待同学们去解答。

任务实施

训练一　夹具的选择

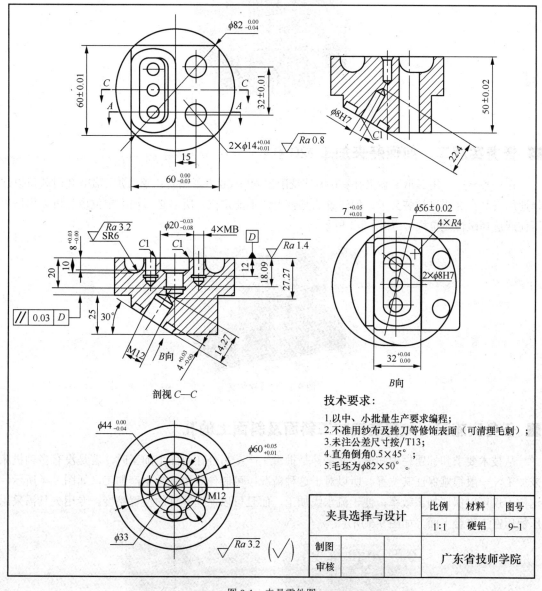

图 9-1　夹具零件图

技术要求:
1.以中、小批量生产要求编程;
2.不准用纱布及挫刀等修饰表面（可清理毛刺）;
3.未注公差尺寸按/T13;
4.直角倒角0.5×45°;
5.毛坯为ϕ82×50°。

夹具选择与设计	比例	材料	图号
	1:1	硬铝	9-1
制图			
审核		广东省技师学院	

■ 任务实施一　应如何加工 60×60 的外形装夹

从图 9-1 中可以看出，加工 60×60 的外形必须夹住ϕ80 的外圆。而要夹住ϕ80 圆柱一般有两种方法，一种是用三爪卡盘，一种是用 V 形块配合台虎钳装夹。从标题栏中和技术要求中可以知道是批量生产，数量为 100 件，用 V 形块不好定位，每次装夹必须重新对刀；所以夹具最好选择三爪自定心卡盘。把三爪卡盘固定在工作台上，然后装夹工件，如图 9-2 所示。

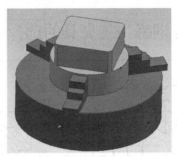

图 9-2　三爪卡盘装夹

■ 任务实施二　如何装夹加工 ϕ20 孔

在任务一中，用三爪卡盘夹住 ϕ80 圆柱铣削出 60×60 方形凸台；那么加工 ϕ20 孔时就可以选择通用夹具台虎钳进行装夹了。但注意的是台虎钳不能定位，所以必须加上定位块（可以用压板压住或选择磁性定位块），如图 9-3 所示。

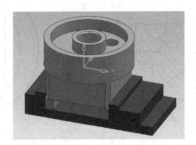

图 9-3　台虎钳装夹

■ 任务实施三　如何装夹加工斜面及斜面上的孔

从技术要求和标题栏中知道，此零件是批量生产；另外在斜面上加工时，若是没有多轴机床来加工，一般很难保证其位置。所以对于这种情况，可制作专用夹具生产加工，如图 9-4 所示。这样不仅可以保证加工效率，便于流水线加工，而且可以保证零件的位置精度。专用夹具需采用压板压在工作台上面，如图 9-5 所示。

图 9-4　制作的专用夹具及装夹后

 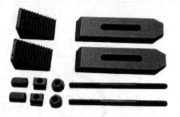

图9-5　压板装夹

压板的应用场合：零件尺寸较大，不用采用平口虎钳装夹时，就要采用压板直接把零件压在机床的工作台上。

训练二　百分表的使用

百分表在数控加工中，有着很重要的作用，是一种精度较高的比较量具。不过它只能测出相对数值，不能测出绝对值，主要用于检测工件的形状和位置误差（如圆度、平面度、垂直度、跳动等），也可用于在机床上对工件、夹具的安装找正。对于上个训练项目的夹具选择好以后，并不是装上机床就可以了，而是还需要进行校正才能使用，保证工件的位置精度。要对夹具进行校正必须要学会使用百分表，本项目就是针对百分表的使用进行专门的训练。

■ 任务实施一　熟悉杠杆百分表的结构及正确使用方法

1. 杠杆百分表的结构（见表9-2）

表9-2　　　　　　　　　　杠杆百分表的结构

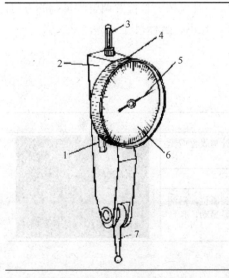	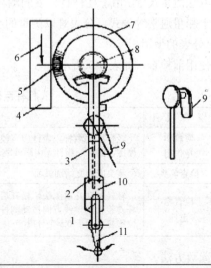
1—扳手；2—表体；3—连接杆；4—表壳；5—指针；6—表盘；7—活动测量杆	1—连接板；2—挡销；3—钢丝；4—外壳；5—小齿轮；6—指针；7—端面齿轮；8—小齿轮；9—扳手；10—扇形齿轮；11—杠杆测头

续表

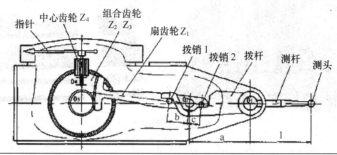

杠杆百分表主要由表体、连接柄、表圈、指针、表盘、换向器、轴套、测杆几部分组成

杠杆百分表的结构如表 9-2 所示，它借助于杠杆—齿轮或杠杆—螺旋传动机构，将测杆测头的摆动变成指针在表盘上的回转运动。其分度值为 0.01mm，测量范围有 0～0.8mm 和 0～1mm 两种。

2．杠杆百分表的原理

杠杆百分表的传动原理如表 9-2 所示，杠杆测头 11 与扇形齿轮 10 用连接板 1 连接，11 与 1 靠摩擦力连接，当杠杆测头向上（或向下）摆动时，扇形齿轮就带动小齿轮 8 转动。在小齿轮 8 的同一轴上装有端面齿轮 7，于是 7 就随之转动，从而带动与它相啮合的小齿轮 5。当小齿轮 5 转动时，与它同轴上的指针 6 也就随之转动，这样就可以在表面上读出读数。外壳 4 可以调节（转动），以便使指针对准需要的刻线，这种表的杠杆测头可以自上向下摆动，也可以自下向上摆动。只要扳动表面侧面的扳手 9 通过钢丝 3 和挡销 2，就可使扇形齿轮向左或向右偏，从而使杠杆侧头处在需要的方向。杠杆的百分表在使用时，应安装在相应的表架或专门的夹具上。

3．杠杆百分表的用途

杠杆百分表测量范围一般为 0～0.8mm。经常用于对工件、各种夹具的校正，例如校正平行度、垂直度、平面度与对刀，可用绝对测量法测量工件的几何形状和相互位置的正确性，也可用比较测量方法测量尺寸。由于杠杆百分表的测杆可以转动，而且可按测量位置调整测量端的方向，因此适用于测量通常钟表式百分表难以测量的小孔、凹槽、孔距、坐标尺寸等。

4．百分表的使用

（1）使用前检查，如表 9-3 所示。

表 9-3　　　　　　　　　　　　　杠杆百分表的检查

序号	检查项目	检查内容	示意图
1	检查相互作用	轻轻移动测杆，表针应有较大位移，指针与表盘应无摩擦，测杆、指针无卡阻或跳动	
2	检查测头	测头应为光洁圆弧面	
3	检查稳定性	轻轻拨动几次测头，松开后指针均应回到原位，沿测杆安装轴的轴线方向拨动测杆，测杆无明显晃动，指针位移应不大于 0.5 个分度	

（2）读数方法。

① 读数时眼睛要垂直于表针，防止偏视造成读数误差。

② 测量时，观察指针转过的刻度数目，乘以分度值得出测量尺寸。

（3）测量前调零位。比较测量用对比物（量块）做零位基准。形位误差测量用工件做零位基准。调零位时，先使测头与基准面接触，压测头到量程的中间位置，转动刻度盘使 0 线与指针对齐，然后反复测量同一位置 2～3 次后检查指针是否仍与 0 线对齐，如不齐则重调。

5．杠杆百分表的安装方法

（1）杠杆百分表的配件。杠杆百分表的使用是很灵活的，其中至少有四个配件：百分表；表座、两个夹持帽，有些还有延长杆，如表 9-4 所示。

表 9-4　　　　　　　　　　　　　　　　杠杆百分表

三丰杠杆百分表

（2）安装方法。杠杆百分表的安装可以有很多种方式，可以根据实际情况的需要安装成不同的方式，如表 9-5 所示的几种安装方法。百分表安装好以后就可以根据需要进行测量、校正、对刀等。

表 9-5　　　　　　　　　　　　　　杠杆百分表的安装方法

6．杠杆百分表的操作方法（见表9-6）

表9-6　　　　　　　　　　　　　　　　　外形铣程序

序号	操 作 方 法	示 意 图
1	将表固定在表座或表架上，稳定可靠	
2	再将表座固定在主轴端面上	
3	百分表在使用过程中，测头要与工件保持一定的角度。 压百分表值时尽量不要超过行程。对圆柱形工件，测杆的轴线要与过被测母线的相切面平行，否则会产生很大的误差	
4	不要使杠杆表突然撞击到工件上，也不可强烈振动、敲打杠杆表	
5	不使测杆做过多无效的运动，否则会加快零件磨损，使表失去应有精度	
6	当测杆移动发生阻滞时，须送计量室处理	

7．注意事项

（1）百分表应固定在可靠的表架上，测量前必须检查百分表是否夹牢，并多次提拉百分表测量杆与工件接触，观察其重复指示值是否相同。

（2）测量时，不准用工件撞击测头，以免影响测量精度或撞坏百分表。为保持一定的起始测量力，测头与工件接触时，测量杆应有0.3～0.5mm的压缩量。

（3）测量杆上不要加油，以免油污进入表内，影响百分表的灵敏度。

（4）百分表测量杆与被测工件表面必须垂直，否则会产生误差。

（5）杠杆百分表的测量杆轴线与被测工件表面的夹角愈小，误差就愈小。

8．维护与保养

（1）使表远离液体，避免冷却液、切削液、水或油与表接触。

（2）在不使用杠杆表时，要解除其所有负荷，让测量杆处于自由状态。

训练三　台虎钳的校正

在上个训练项目中讲过，夹具装上去后，并不是马上可以使用，而是要经过校正后才能使用，保证零件的精度和位置。通过上个项目已经熟悉了百分表的使用和读数方法，本节课以常用的通用夹具台虎钳为例讲解夹具的安装和校正方法。

■ 任务实施一　安装台虎钳

1．抹干净工作台

一般来说，机床使用过后，都会在工作台上留有或多或少的铁屑或油污之类的东西；特别是久不使用或维护不当的机床更有可能导致生锈。这些污物没有抹干净的话，装上虎钳后，就会使虎钳产生平面度误差。所以在要装虎钳之前，必须擦干净工作台面，如图 9-6 所示。

图 9-6　擦干净工作台面

2. 擦干净台虎钳底面

台虎钳底面是和工作台面紧密接触的，所以也和工作台面一样，稍微沾上一点铁屑，都会影响虎钳安装后的平面度，从而间接影响了工件的加工精度。所以在安装虎钳之前，必须把虎钳翻转过来抹干净，最好还要检查虎钳上面有没有铁屑，有的话也要清理干净。再把台虎钳搬上工作台放好，大致放平，装上螺栓（注意先不能锁紧）。

■ 任务实施二　校正台虎钳

1. 校正平面度

虽然工作台面和虎钳底面都抹干净了，但还是不能保证虎钳装上工作台后就一定是平的；再者虎钳也有一定的制造误差，所以必须要检查其平面度是否在允许范围内。首先装上百分表，如图 9-7 所示，调整好其测针的角度，进行移动检查。若是发现哪个角度不平，可垫高一点或检查工作台面和台虎钳底面是否干净。

图 9-7　百分表配件

2. 校正平行度和垂直度（见表 9-7）

表 9-7　　　　　　　　　　　校正平行度和垂直度

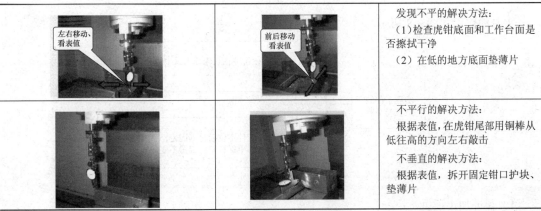

		发现不平的解决方法： （1）检查虎钳底面和工作台面是否擦拭干净 （2）在低的地方底面垫薄片
		不平行的解决方法： 　根据表值，在虎钳尾部用铜棒从低往高的方向左右敲击 不垂直的解决方法： 　根据表值，拆开固定钳口护块、垫薄片

3. 锁紧虎钳

校正好虎钳以后，就开始锁紧螺栓。注意的是不能先锁一边，要两边同步进行；锁紧螺栓后还必须再校正平行度和垂直度；确定无误后方可使用。

任务考核

请对照任务考核表（见表 9-8）评价完成任务结果。

表 9-8   任务考核

课程名称		数控铣工工艺与技能		任务名称	夹具的选择与校正		
学生姓名				工作小组			
评分内容			分值	自我评分	小组评分	教师评分	得分
任务质量	严格遵守操作规程		10				
	根据图纸选择正确的夹具		10				
	熟练操作数铣机床		10				
	正确安装使用百分表		10				
	独立完成夹具（虎钳）的校正		20				
团结协作			10				
劳动态度			10				
安全意识			20				
权 重				20%	30%	50%	
总体评价	个人评语：						
	教师评语：						

相关知识

■ 相关知识一 夹具的作用

夹具的作用如图 9-8 所示。

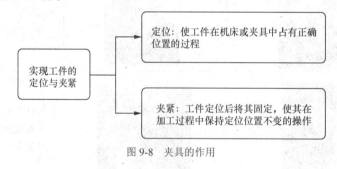

图 9-8 夹具的作用

1．保证加工质量

采用夹具后，工件各有关表面的相互位置精度是由夹具来保证的，比划线找正所达到的精度高很多，并且质量稳定。

2．提高劳动生产率，降低成本

采用夹具后，能使工件迅速地定位和夹紧，不仅省去了划线找正所花费的大量时间，而且简化了工件的安装工作，显著地提高了劳动生产率。

3．扩大机床工艺范围

采用夹具可使本来不能在某些机床上加工的工件变为可能，以减轻生产条件受限的压力。

如表 9-9 左栏中的异形杠杆零件，如果不采用专用夹具，φ10H7 孔在车床上将无法加工。现采用表 9-9 右栏所示的专用夹具，工件以 φ20h7 外圆为定位基准面，在 V 形块 2 上定位，用可调 V 形块 6 作辅助支承，采用铰链压板 1 和两个螺钉 5 夹紧，保证尺寸 50±0.01 mm 和平行度公差的要求。

表 9-9 加工杠杆零件的车床夹具

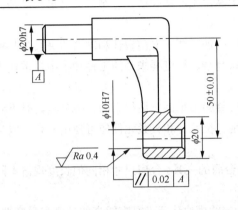 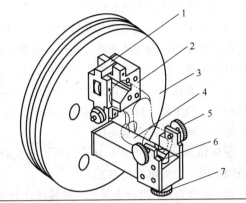

1—铰链压板；2—V 形块；3—夹具体；4—支架；5—螺钉；6—可调 V 形块；7—螺杆

4．改善工人劳动条件，保障生产安全

用夹具装夹工件方便、省力、安全。用气动、液动等夹紧装置，可大大减轻工人的劳动强度。夹具在设计时采取了安全保证措施，用以保证操作者的人身安全。

■ 相关知识二　夹具的组成

1．定位元件

由于夹具的首要任务是对工件进行定位和夹紧，因此无论何种夹具都必须有用以确定工件正确加工位置的定位元件。如图 9-9 中的销轴 2 和开口垫圈 3 都是定位元件，通过它们使工件放置在一个正确的位置。

2．夹紧装置

夹紧装置的作用是将工件在夹具中压紧夹牢，保证工件在加工过程中当受到外力作用时，其正确的定位位置保持不变。

3．夹具体

夹具上的所有组成部分都需要通过一个基础件使其连接成为一个整体，这个基础件称为夹具体，如图 9-9 中的夹具体 6，通过它把所有的元件连接起来。

4．其他装置或元件

除了定位元件、夹紧装置和夹具体外，各种夹具还根据需要设置一些其他装置或元件，如分度装置、引导装置、对刀元件等。如图 9-9 所示的钻套 1 即是引导元件，通过钻套引导钻头进入正确的中心位置，准确钻孔。

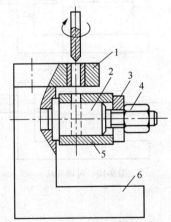

图 9-9　钻模夹具

1—钻套；2—销轴；3—开口垫圈；
4—螺母；5—工件；6—夹具体

■ 相关知识三 夹具的种类

1．按夹具的通用特性分类

（1）通用夹具。通用夹具是指结构、尺寸已规格化，具有一定通用性的夹具，如三爪卡盘、四爪卡盘、平口虎钳、万能分度头、顶尖、中心架、电磁吸盘等。这类夹具由专门生产厂家生产和供应，其特点是使用方便，通用性强，但加工精度不高，生产率较低，且难以装夹形状复杂的工件，仅适用于单件小批量生产。

（2）专用夹具。专用夹具是针对某一工件某一工序的加工要求专门设计和制造的夹具，其特点是针对性很强，没有通用性。在较大批量生产和形状复杂、精度要求高的工件加工中，常使用各种专用夹具，以获得较高的生产率和加工精度。

（3）可调夹具。可调夹具是针对通用夹具和专用夹具的不足而发展起来的一类夹具。对不同类型和尺寸的工件，只需调整或更换原来夹具上的个别定位元件和夹紧元件便可使用。它一般又分为通用可调夹具和成组夹具两种。

图 9-10 所示为生产系列化产品所用的铣销轴端部台肩的夹具。台肩尺寸相同但长度规格不同的销轴可用一个可调夹具加工。

（4）组合夹具。组合夹具是一种模块化的夹具。标准的模块化元件具有较高的精度和耐磨性，可组装成各种夹具，夹具使用完后即可拆卸，留待组装新的夹具。

图 9-11 所示为车削管状工件的组合夹具，组装时选用 90°圆形基础板 1 为夹具体，以长、圆形支承 4、6、9 和直角槽方支承 2、筒式方支承 5 等组合成夹具的支架，工件在支承 9、10 和 V 形支承 8 上定位，用螺钉 3、11 夹紧，各主要元件由平键和槽通过方头螺钉紧固连接成一体。

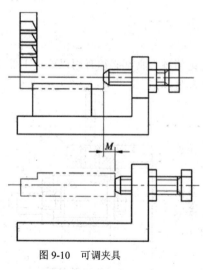

图 9-10 可调夹具

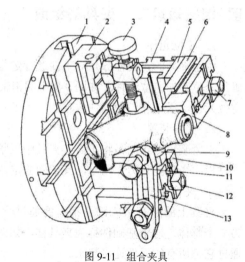

图 9-11 组合夹具

1—90°圆形基础板；2—直角槽方支承；3—11 螺钉；

4、6、9、10—长、圆形支承；5—筒式方支承；

7、12—螺母；8—V 形支承；13—连接板

2．按夹具的使用机床分类

这是专用夹具设计所用的分类方法。如在车床、铣床、钻床、镗床等机床上使用的夹具，就

分别称为车床夹具、铣床夹具、钻床夹具、镗床夹具等。

3．按夹具的动力源分类

按夹具所使用的动力源可分为：手动夹具、气动夹具、液动夹具、气液夹具、电动夹具、电磁夹具等。

各种夹具不论结构如何，其基本原理都是一致的。本章主要介绍专用夹具的结构设计　原理。

■ 相关知识四　其他百分表的认识了解

1．百分表种类

各种类型的百分表如表 9-10 所示。

表 9-10　　　　　　　　　　　百分表种类

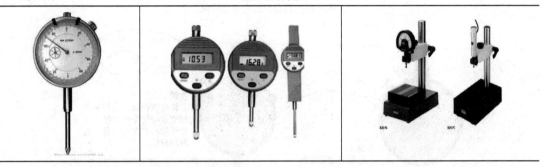

2．百分表外部结构

百分表的外部结构如图 9-12 所示

3．百分表的内部结构

百分表的内部结构如图 9-13 所示。

4．读数原理

如图 9-13 所示，当测量杆 1 向上或向下移动 1mm 时，通过齿轮传动系统带动大指针 5 转一圈，小指针 7 转一格。刻度盘在圆周上有 100 个等分格，各格的读数值为 0.01mm。小指针每格读数为 1 mm。测量时指针读数的变动量即为尺寸变化量。刻度盘可以转动，以便测量时大指针对准零刻线。

百分表的读数方法为：先读小指针转过的刻度线（即毫米整数），再读大指针转过的刻度线（即小数部分），并乘以 0.01，然后两者相加，即得到所测量的数值。

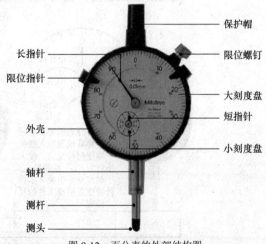

图 9-12　百分表的外部结构图

5．使用方法

（1）绝对测量法：以基准平面为基点，测量物体的实际尺寸，从刻度盘上直接读取测量值，如图 9-14 所示。

（2）相对测量法（工件比基准大），如图 9-15 所示。

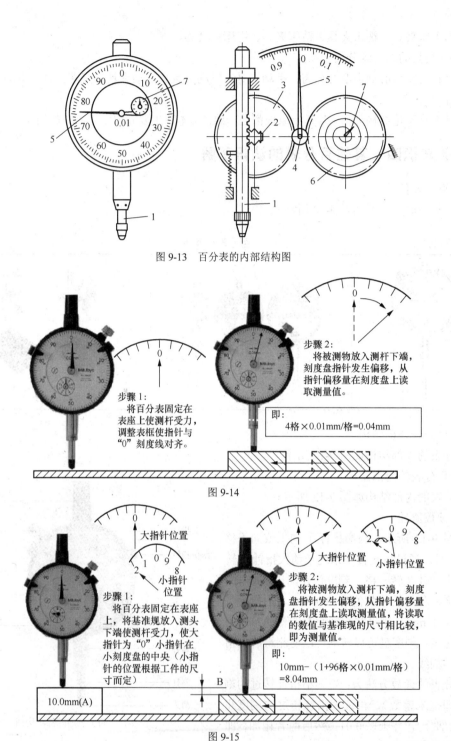

图 9-13　百分表的内部结构图

图 9-14

步骤1：
将百分表固定在
表座上使测杆受力，
调整表框使指针与
"0"刻度线对齐。

步骤2：
将被测物放入测杆下端，
刻度盘指针发生偏移，从
指针偏移量在刻度盘上读
取测量值。

即：
4格×0.01mm/格=0.04mm

图 9-15

大指针位置

小指针
位置

步骤1：
将百分表固定在表座
上，将基准规放入测头
下端使测杆受力，使大
指针为"0"小指针在
小刻度盘的中央（小指
针的位置根据工件的尺
寸而定）

大指针位置

小指针位置

步骤2：
将被测物放入测杆下端，刻度
盘指针发生偏移，从指针偏移量
在刻度盘上读取测量值，将读取
的数值与基准现的尺寸相比较，
即为测量值。

即：
10mm−(1+96格×0.01mm/格)
=8.04mm

10.0mm(A)

B

C

　　将已知尺寸的基准规放入测量头下端，设定基准刻度"A"再将被测物放入测量头下端读取
数值"B"，测量值 C=A+B，如图 9-16 所示。

　　（3）相对测量法（工件比基准值小）。将已知尺寸的基准规放入测量头下端，设定基准刻度"A"
再将被测物放入测量头下端读取数值"B"，测量值 C=A−B。

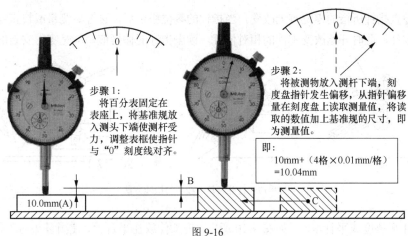

图 9-16

6. 使用注意事项

使用前，应检查测量杆活动的灵活性。即轻轻推动测量杆时，测量杆在套筒内的移动要灵活，没有任何轧卡现象，且每次放松后，指针能回复到原来的刻度位置。

使用百分表或千分表时，必须把它固定在可靠的夹持架上（固定在万能表架或磁性表座上，如图 9-17 所示），夹持架要安放平稳，以免使测量结果不准确或摔坏百分表。用夹持百分表的套筒来固定百分表时，夹紧力不要过大，以免因套筒变形而使测量杆活动不灵活。

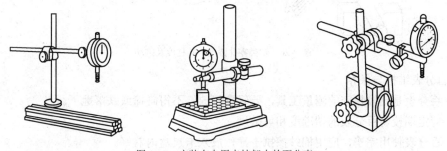

图 9-17 安装在专用夹持架上的百分表

使用百分表或千分表测量零件时，测量杆必须垂直于被测量表面，如图 9-18 所示。即使测量杆的轴线与被测量尺寸的方向一致，否则将使测量杆活动不灵活或测量结果不准确。

测量时，不要使测量杆的行程超过它的测量范围；不要使测量头突然撞在零件上；不要使百分表和千分表受到剧烈的振动和撞击，也不要把零件强迫推入测量头下，以免损坏百分表和千分表的机件而失去精度。用百分表测量表面粗糙或有显著凹凸不平的零件是错误的。

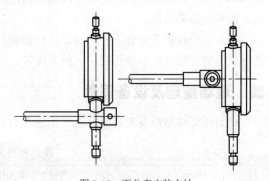

图 9-18 百分表安装方法

用百分表校正或测量零件时，如图 9-19 所示，应当使测量杆有一定的初始测力。即在测量头与零件表面接触时，测量杆应有 0.3～1mm 的压缩量（千分表可小一点，有 0.1mm 即可）。使指针转过半圈左右，然后转动表圈，使表盘的零位刻线对准指针。轻轻地拉动手提测量杆的圆头，拉起和放松几次，检查指针所指的零位有无改变。当指针的零位稳定后，再开始测量或校正零件的工作。如果是校正零件，此时开始改变零件的相对位置，读出指针的偏摆值，就是零件安装的偏差数值。

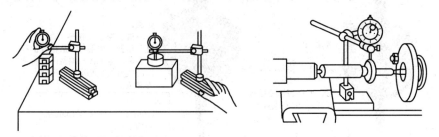

图 9-19　百分表尺寸校正与检验方法

检查工件平整度或平行度时，如图 9-20 所示，将工件放在平台上，使测量头与工件表面接触，调整指针使之摆动，然后把刻度盘零位对准指针，跟着慢慢地移动表座或工件。当指针顺时针摆动时，说明工件偏高，逆时针摆动，则说明工件偏低了。

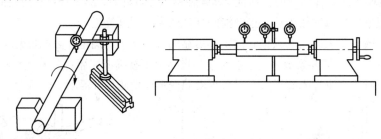

图 9-20　轴类零件圆度、圆柱度及跳动

7. 百分表维护与保养

（1）百分表是比较精密的测量工具，要轻拿轻放，不得碰撞或跌落地下。

（2）应定期校验百分表的精准度和灵敏度。

（3）百分表使用完毕，应用棉纱擦拭干净，放入卡尺盒内盖好。

（4）要严厉避免水、油和灰尘渗入表内，测量杆上也不要加油，以免沾有灰尘的油污进入表内，影响表的灵敏性。

（5）百分表和千分表不使用时，应使测量杆处于自由状态，以免使表内的弹簧失效。如内径百分表上的百分表，不使用时，应拆下保管。

■ 现场整理及设备保养

请对照现场整理及设备保养表（见表 9-11）完成任务。

表 9-11　　　　　　　　　　　　　　现场整理及设备保养表

1. 打扫实习场地卫生，清理工、量、刀具等进行分类归位。
2. 按照机床日常维护保养要求对机床每天保护。
3. 按照安全文明生产要求整理实习场地。
4. 认真检查关水、关电、关门。

齿轮底座底面加工

■ **本任务学习目标**

1. 给出二维零件图，能够绘制图形。

2. 能够分析工艺，并进行二维刀路设置。

3. 能够正确进行后置处理，并加工出合格零件。

■ **本任务建议课时**

18 学时。

■ **本任务工作流程**

1. 课前准备。　　　　　　　　　　　7. 后置处理。

2. 二维绘图。　　　　　　　　　　　8. 学生练习巩固。

3. 学生练习巩固。　　　　　　　　　9. 加工准备。

4. 分析零件图。　　　　　　　　　　10. 零件加工。

5. 分析加工工艺。　　　　　　　　　11. 教师评改。

6. 二维刀路设置。　　　　　　　　　12. 总结。

■ **本任务教学准备**

教师准备：

1. 机房：除了电脑外还需备有黑板、多媒体（投影仪）。

2. 数控机床（每 3 个人一台）。

3. 台虎钳（每台机床一个）、虎钳扳手、压板。

4. 杠杆百分表。

5. 铣刀：$\phi 12$。

6. 量具：游标卡尺（0.02）、外径千分尺 0～25、外径千分尺 25～50、内径千分尺 5～30。

7. 毛坯：45×45×20 铝块 1 块。

8. 钻头：$\phi 5.8$。

9. 铰刀：$\phi 6$。

10. 倒角刀：$\phi 8$。

学生配合准备：

1. 草稿本。

2. 笔。

课前导读

请完成表 10-1、表 10-2 中的内容。

表 10-1　　　　　　　　　　　课前导读一

1	在标注时一般可采用几种表示方法来确定坐标点位置？	一种□　　二种□ 三种□　　四种□
2	在画极坐标线时，其已知条件是什么？	答：
3	平行线与单体补正功能一样吗？如何区别？	答：
4	🖊与🔄功能键一样吗？如何区别？	答：
5	在修剪功能中，三个物体与分割功能如何区别？	答：
6	画圆时，图形中是整圆吗？	对□　　错□
7	在绘图功能中的倒圆角命令能绘画圆命令（相切、相切、半径）画出的圆弧吗？	能□　　不能 □　　不确定□
8	在绘图功能中的倒圆角命令能倒实体吗？	能□　　不能 □　　不确定□
9	屏幕视角与构图面如何区别？	答：
10	生成实体后，其线框可以删除。	对□　　错□
11	实体举出与举升功能如何区别？	答：
12	采用举升功能产生的实体一定是直纹面。	对□　　错□
13	旋转功能中旋转轴不能与截面重合。	对□　　错□
14	扫掠功能中可以采用多个截面、多个导动线产生实体。	对□　　错□
15	在创建实体时，其截面线框不能有重合线。	对□　　错□
16	在创建刀路时，其截面线框不能有重合线。	对□　　错□
17	在创建刀路时，其加工对象只能是实体。	对□　　错□
18	单一实体加工只能采用三维刀路？	对□　　错□

表 10-2　　　　　　　课前导读二：刀具的种类（填写空白的内容）

序号	刀具的种类		用　途
1	轮廓类加工刀具		此类刀具的圆周表面和端面上都有切削刃，端部切削刃为主切削刃，面铣刀多制成套式镶齿结构，刀齿为高速钢或硬质合金，刀体为 40Cr。刀片和刀齿与刀体的安装方式有整体焊接式、机夹焊接式和可转位式三种，其中可转位式是当前最常用的一种夹紧方式
2			此类刀具是数控机床上用得最多的一种铣刀。其刀柄有直柄和锥柄之分。直径较小的立铣刀，一般做成直柄形式，对于直径较大的立铣刀，一般做成 7∶24 的锥柄形式
3			此类刀具一般只有两个齿，圆柱面和端面都有切削刃，端面刃延伸至中心，加工时可先轴向进给达到槽深，然后沿键槽方向铣出键槽全长
4			此类刀具由立铣刀发展而成，可分为圆锥形立铣刀、圆柱形球头刀和圆锥形球头立铣刀。其柄部有直柄、削平型直柄和莫氏锥柄
5	鼓形铣刀和成形铣刀		鼓形铣刀的切削刃分布在半径为 R 的圆弧面上，端面无切削刃。该刀具主要用于斜角平面和变斜角平面的加工。缺点是刃磨困难

续表

序号	刀具的种类		用　　途
6	孔类加工刀具		加工中心常用的此类刀具有中心钻、标准麻花钻、扩孔钻、深孔钻和锪孔钻等，刀具材料有高速钢和硬质合金
7			加工中心大多采用此类刀具进行铰孔，此外，还使用机夹硬质合金刀片单刃铰刀和浮动铰刀。其加工精度可达 IT6～IT9级。表面粗糙度 *Ra* 可达0.8～1.6µm
8		镗孔刀具	镗刀种类很多，按加工精度可分为粗镗刀和精镗刀。按切削刃数量可分为单刃镗刀和双刃镗刀
9	螺纹孔加工刀具	丝锥	M12以下的螺纹孔可采用攻螺纹的加工方法，M20以上可采用铣螺纹的加
10		螺纹铣刀	工方法

情景描述

前面讲过自动编程的好处以后，同学们是否认为只要学会自动编程，电脑就可以让零件像着了魔法一样一下子加工出来呢？其实情况可不是这么简单的哦！那么自动编程到底应该怎么编程怎么加工呢？实际流程到底是怎么样的呢？本节就详细地以齿轮底座为例对比进行讲解。

任务实施

训练一　二维刀路设置

根据如图 10-1 所示的零件图完成以下任务。

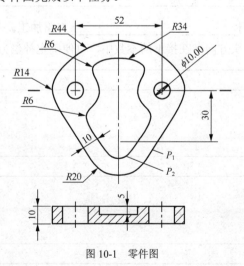

图 10-1　零件图

■ 任务实施一　加工顺序安排

加工顺序安排的原则如下。

（1）优先选择大刀加工、再小刀进一步加工。

（2）先铣削大面积的加工面（因为余量多），再加工小面积的加工面。

（3）简单的加工面先加工，有利于边传输加工边设置刀具路径。

（4）同一把刀能加工的部位一次加工完。

（5）遵从粗加工、半精加工、精加工的顺序。

（6）尽量用二维刀具路径加工（计算简单，快捷）。

（7）一般先加工面后加工孔，但曲面上有孔时须先加工孔再加工曲面。

■ 任务实施二　零件加工

根据上面的加工顺序安排，完成图 10-1 零件的加工。

1．选择刀具：_____。

2．设计加工工艺

（1）加工平面，选用_____刀路加工。

拾取 P1 的边界作为加工范围，设置其加工参数。

刀具参数设置：

面铣削加工参数设置：

（2）粗加工外形：选用_____刀路加工。

拾取 P1 轮廓，注意箭头方向（在接下的参数中，以便确定补偿方向），设置其加工参数。

刀路参数设置：

平面多次铣削参数设置：

Z 轴分层铣深参数设置：

进/退刀向量参数设置：

（3）粗加工内槽，选用＿＿＿＿＿＿＿＿＿＿＿＿刀路加工。拾取 P2 轮廓为加工边界，设置其加工参数。

挖槽参数参数设置：

粗、精切参数（关闭半精加工）参数设置：

（4）精加工。

① 精加工 P1 外形，其路径选择同粗加工一样，其加工参数设置不同。

刀具参数设置：

精加工参数设置：

外形铣削参数以下选项改变：加工平面铣削次数关掉（关掉则默认为 1 次，以下相同）、深度设置关掉、改变切入切出圆弧半径为 2mm，切削余量为 0。

② 精加工 P2 外形，选择外形铣削精加工，其参数设置同上（注意半径补偿方向），只是深度改变为 5mm。

3. 钻孔

（1）打中心孔，选用＿＿＿＿＿＿＿＿＿＿刀具加工，选用＿＿＿＿＿＿＿＿刀路加工，选择两 R4 圆的圆心为钻孔位置，设置其加工参数。

刀具参数设置：

钻孔参数设置：

（2）钻 $\phi8$ 的孔，选用_____刀具加工，选用_____刀路加工，选择钻孔位置不变，设置其钻孔加工参数。

刀具参数设置：

钻孔参数设置：

4. 最终显示结果

最终结果显示如表 10-3 所示。

表 10-3　　　　　　　　　刀具路径和仿真效果

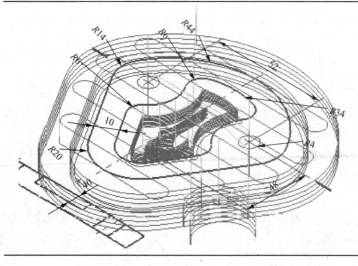

5．加工注意事项

（1）换ϕ10 刀时，先半精加工 P1 轮廓，得出刀具的实际大小，再精加工 P1、P2 轮廓。

（2）钻孔时，根据精度要求来确定其加工的工步，若精度要求高时，则要钻中心孔，粗钻孔，半精钻孔，铰孔。

（3）钻孔时注意其钻嘴的引入和伸出长度。

训练二　齿轮底座底面的造型与工艺安排

根据图 10-2 所示的零件图完成以下任务。

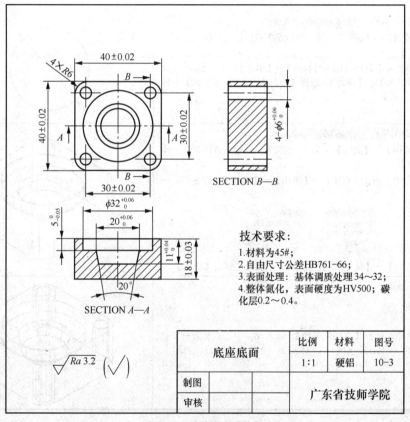

图 10-2　齿轮底座零件图

■ 任务实施一　用 MasterCAM 9.1 软件绘制出底座的实体图

绘图的时候，有个需要注意的问题是：绘图要结合加工时的零点位置，即画图的原点要和加工原点位置一样；所以画底座时必须以顶面作为原点。底座的绘制步骤见表 10-4。

表 10-4   底座的绘制

操 作 步 骤	示 意 图
1. 单击辅助菜单栏 **Z: 0.000** 输入 0 2. 单击【绘图】—【R 矩形】—【一点】，弹出参数对话框，输入【宽度 40】、【高度 40】，在点的位置中选择中间放置；单击【确定】，中心点位置以抓点方式放在【0 原点（0,0）】 3. 回主功能表单击【绘图】—【F 倒圆角】—【R 圆角半径】，输入 6 回车。分别点击矩形的两相邻直角边 4. 回主功能表点击【0 实体】—【挤出】—【串连】，点击矩形，—【执行】—【构图 Z 轴】—【执行】，在 **距离：** 10.0 中输入 10	
1. 单击辅助菜单栏 **Z: 0.000** 输入 0 2. 单击【绘图】—【圆弧】—【点直径圆】—请输入直径 32，—中心放在【原点】。 3. 回主功能表单击【0 实体】—【挤出】—【串连】—单击圆，—【执行】—【构图 Z 轴】—【执行】，选择【切割主体】，在【距离】中输入 5，单击【确定】	
1. 单击辅助菜单栏 **Z: -5.000** 输入-5。 2. 单击【绘图】—【圆弧】—【点直径圆】—请输入直径 20，—中心放在【原点】。 3. 回主功能表点击【0 实体】—【挤出】—【串连】—单击圆，—【执行】 实体之挤出操作　拔模角 ○ 建立主体　　　☑ 增加拔模角 ● 切割主体　　　□ 朝外 ○ 增加凸缘　　　角度：10.0 —【构图 Z 轴】—【执行】，在【距离】中输入，单击【确定】	
单击画圆命令，选择【直径圆半径】，输入 6；中心点放置分别是（15,15，-18）、（-15,15，-18）、（-15,-15，-18）、（15,-15，-18）	

■ 任务实施二　分析齿轮底座座面加工工艺，制作工艺卡片和刀具清单

1. 零件图分析

本零件由于采用自动编程，所以画图是关键。此零件图通过上个任务的图形绘制后，尺寸没有漏标或矛盾，轮廓不复杂；在精度上要求不高，公差都在 0.04~0.06mm，因此在数控铣床上容易保证达到加工要求，加工难度不大。

在形位公差上，本零件图没什么特别的要求，所以在加工时减轻了装夹的要求，难度也降低了。

在表面质量上，没有局部的特别要求，只是在其余中标示了 $Ra3.2$，对于加工铝块来说，较容易保证，但在技术要求中还有表面阳极处理，注意不要留有伤痕。

2．工序安排

根据基准优先原则，底座的加工应先加工正面再加工底面，所以此零件的工序加工安排是：底座正面，底座底面。

3．装夹方案

对于此零件，其外形都是属于比较正方的，所以可以用虎钳装夹。

4．制作刀具清单

刀具清单如表 10-5 所示。

表 10-5　　　　　　　　　　　　刀具清单

产品名称			零件图号				
序号	刀号	刀具规格名称	刀柄型号	刀长	刀具材料及结构	备注	
1	T1	$\phi12$ 平底铣刀	BT40-ER32-70L	20	高速钢 HSS	粗、精加工	
2	T2	中心钻	BT40-APU16	10	高速钢 HSS	定位	
3	T3	$\phi5.8$ 钻头	BT40-APU16	20	高速钢 HSS	钻底孔	
4	T4	$\phi6$ 铰刀	BT40-APU16	20	高速钢 HSS	铰孔	
5	T5	中心钻	BT40-APU16	10	高速钢 HSS	倒角	

5．制作工艺卡片

工艺卡片如表 10-6 所示。

表 10-6　　　　　　　　　　　　底座底面加工工艺卡

工序号	1		单位			产品名称	零件图号
						底座	P2-1
						车间	使用设备
						数铣车间	VMC850
						夹具名称	机床类型
						台虎钳	三轴加工中心
						程序号	子程序号
						00001	

1．装夹时虎钳夹住工件 5mm。
2．钻孔时，注意不要钻穿，以防钻到垫块。

工步号	工步名称	刀具		主轴转速	进给速度	切削深度	工步内容	备注
		刀具号	补偿号					
1	铣平面	T1	1	3000	300	0.6	精加工平面	
2	粗加工外形 1	T1	1	1500	400	5	去除外形余量	
3	粗加工 2	T1	1	1500	800	0.8	去除 $\phi32$ 孔、锥槽的余量	
4	精加工 1	T1	1	3200	200	到底	精加工外形、$\phi32$ 孔	
5	精加工 2	T1	1	4000	800	0.1	精加工锥槽	
6	钻中心孔	T2	2	2500	50	0.5	钻 4 个 $\phi6$ 孔的中心孔	
7	钻孔	T3	3	1000	100	3	粗钻 4 个 $\phi6$ 孔	
8	铰孔	T4	4	100	30	到底	精加工 4 个 $\phi6$ 孔	
9	倒角	T5	5	4000	600	0.5	去除毛刺	
编制者				审核者			年　月　日	

训练三　齿轮底座底面的编程与加工

■ 任务实施一　齿轮底座底面刀具路径设置

1. 工步一：铣平面

工序分析中分析过，加工此工序需把外形加工成四边形，所以这里需要画多一个四边形线框。

（1）设置口刀具参数。执行【刀具路径】—【F 面铣】—【串连】—串连刚绘制的四边形线框—【执行】命令，弹出参数设置框。如图 10-3 所示，参数对话框中，有两个参数设置，其中一个是刀具参数。刀具参数是每个刀具路径都相同的、必须具备的，所以其设置方法在以后的刀具路径设置中都是一样的。

先设置刀具，其步骤如下：在空白处点击【鼠标右键】，弹出选项点击【从刀库中选择刀具】，如下图 10-4 所示。

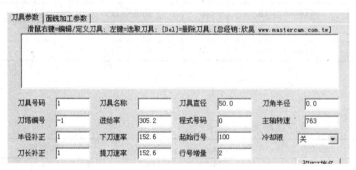

图 10-3　刀具参数对话框　　　　　　　　　　　　图 10-4　选取刀具选项

进入图 10-5 所示的刀具管理对话框，这里有个【☑ 过滤刀具　　　　　　】选项，若是把勾去除，则可以显示所有刀具，若是打勾，则显示当前刀具路径可以相对应的刀具。这里按默认打勾状态，然后在刀具管理中选择直径为 12mm 的平刀。若是加工中心加工，则可以用同样的方法把所需要的刀具一次性创建出来；若是数铣加工，则需要什么刀具再创建什么刀具。

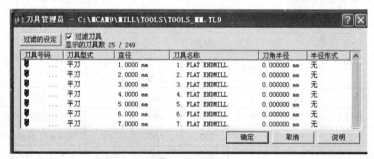

图 10-5　刀具管理对话框

　　注意：刀库里面有些特殊刀具是没有的，需要在图 10-4 中选择【建立新刀具】，如图 10-6 所示，在弹出的定义刀具对话框中定义自己需要的刀具及参数设置。这里可以设置一些非标准尺寸的刀具。

这里选择的机床是三轴加工中心，可以一次性创建所有刀具，如图 10-7 所示。

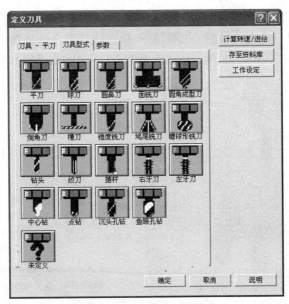

图 10-6 定义新的刀具对话框

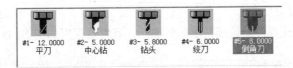

#1- 12.0000 平刀　　#2- 5.0000 中心钻　　#3- 5.8000 钻头　　#4- 6.0000 绞刀　　#5- 8.0000 倒角刀

图 10-7 一次性创建所有使用刀具

选择好 1 号刀具，设置参数，如图 10-8 所示。

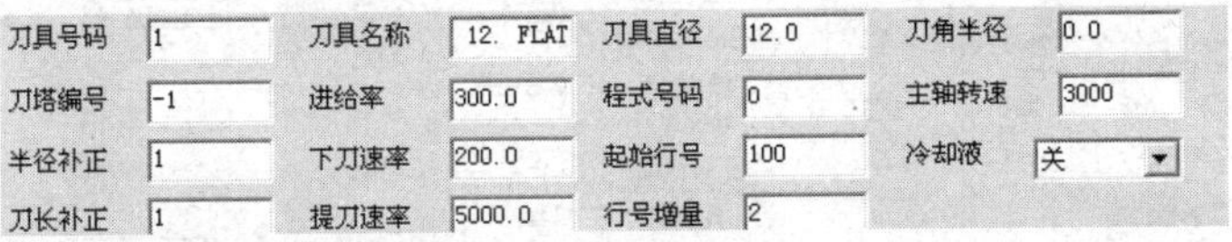

刀具号码	1	刀具名称	12. FLAT	刀具直径	12.0	刀角半径	0.0
刀塔编号	-1	进给率	300.0	程式号码	0	主轴转速	3000
半径补正	1	下刀速率	200.0	起始行号	100	冷却液	关
刀长补正	1	提刀速率	5000.0	行号增量	2		

图 10-8 设置铣平面刀具参数

（2）设置面铣加工参数，结构如图 10-9 所示。

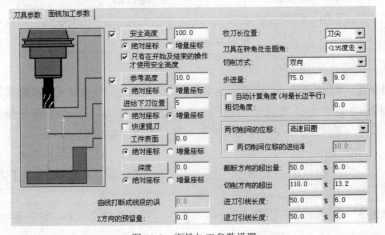

图 10-9 面铣加工参数设置

2．工步二：外形粗加工 1

执行【刀路设置】—C外形铣削—C串连—串连四边形（注意箭头方向，这里选择顺时针）—D执行命令，弹出参数对话框，同样选择 1 号刀具，参数设置如图 10-10 所示。

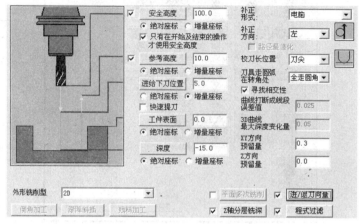

图 10-10　粗加工外形设置参数

3．工步三：粗加工 2

去除φ32 孔余量。选择外形铣削，顺时针加工。其参数设置如图 10-11 所示。

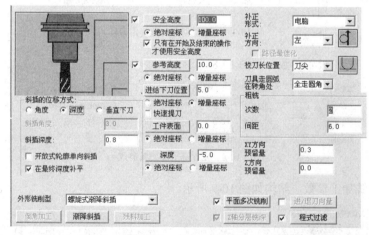

图 10-11　去除φ32 孔余量

4．工步四：去除锥槽的余量

执行I刀具路径—C外形铣削—C串连—串连锥槽底部的边界线框（通过C绘图-C曲面曲线-O单一边界-S由实体产生-点击锥槽底部的边界）（选择逆时针方向加工，若是顺时针可以通过R换向来改变）—D执行命令，弹出对话框，其参数设置如图 10-12 所示。

5．工步五：精加工 1

复制工序二、工序三的刀具路径，根据工序卡片更改其【切削用量】、【余量】、【切入/切出半径】。

6．工步六：精加工 2

执行I刀具路径—C外形铣削—C串连—串连锥槽大径处的边界线框，选择逆时针方向加工—D执行命令，弹出对话框，其参数设置如图 10-13 所示。

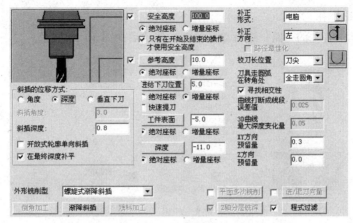

图 10-12　去除锥槽的余量

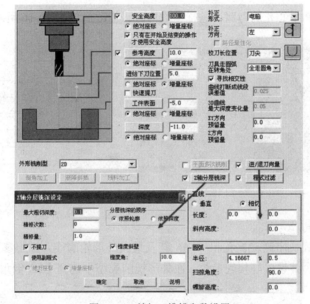

图 10-13　精加工锥槽参数设置

7. 工步七：钻中心孔

执行 **I 刀具路径 - D 钻孔 - M 手动** 命令，在对话框中分别输入（15,15）、（-15,15）、（-15,-15）、（15,-15）四个点的坐标，然后按【ESC】键结束，选择 **D 执行**，弹出对话框，其参数设置如图 10-14 所示。

图 10-14　钻中心孔的参数设置

8．工步八：钻底孔

复制工序六钻中心孔的刀路，进行参数修改，修改后如图 10-15 所示。

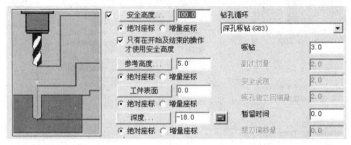

图 10-15　粗钻 4×φ6 孔到φ5.8 参数设置

9．工步九：铰孔

同样复制工序六钻中心孔的刀路，进行参数修改，修改后如图 10-16 所示。

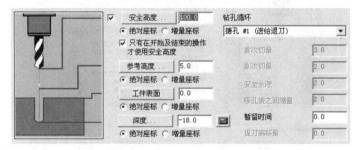

图 10-16　铰 4×φ6 孔的参数设置

10．工步十：倒角

选择外形铣削方式，串联φ32 孔和 4×φ6 孔及最大外形轮廓线，弹出参数设置对话框，在刀具选择中新建倒角刀，并设置好相应参数，在外形铣削类型中选择【2D 倒角】方式，设置倒角参数，如图 10-17 所示。

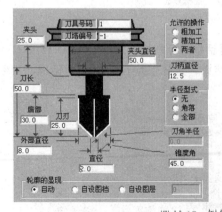
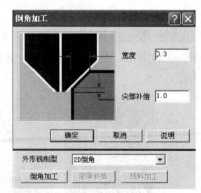

图 10-17　倒角参数设置

最终结果如图 10-18 所示。

图 10-18　加工底座底面最终结果图

■ 任务实施二　后置处理

当设置完所有刀具路径，仿真无误后，即可进行程序后置处理，步骤如下。

第一步，全选所有刀具路径，如图 10-19 所示。

第二步，单击【执行后处理】，选择保存对话框参数，如图 10-20 所示。

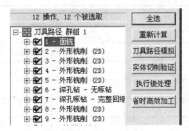

图 10-19　全选对话框

图 10-20　保存对话框参数设置

第三步，单击【确定】按钮后弹出保存文件对话框，根据个人的习惯和需要选择放置位置和命名。

第四步，单击【保存】按钮，软件开始对所有程序进行后置处理，结果如图 10-21 所示。

图 10-21　后置处理最终结果

■ 任务实施三　实训加工

当完成前面的四个任务后，即可进行零件装夹—坐标设定—传输程序进行零件加工。注意在加工过程中一定要多测量，最好每个轮廓都进行半精加工后，进行测量以确定其刀具实际大小，然后进行补偿。加工的最后结果如图 10-22 所示。

图 10-22　加工后的最终结果

任务考核

请对照任务考核表（见表 10-7）评价完成任务结果。

表 10-7　　　　　　　　　　任务考核

课程名称	数控铣工工艺与技能		任务名称	齿轮底座底面的加工		
学生姓名			工作小组			
评分内容		分值	自我评分	小组评分	教师评分	得分
任务质量	独立完成零件图的绘制	10				
	独立完成工艺的分析	10				
	独立完成刀具路径的设置	10				
	完成零件的加工	20				
	独立对零件的检测	10				
团结协作		10				
劳动态度		10				
安全意识		20				
权　　重			20%	30%	50%	
总体评价	个人评语：					
	教师评语：					

相关知识

■ 相关知识一　工序与工步的定义

1. 工序

一个或一组工人，在一个工作地或一台机床上，对一个或同时对几个工件连续完成的一部分工艺过程称为工序。划分工序的依据是工作地点是否发生变化和工作过程是否连续。工序是组成工艺过程的基本单元，也是生产计划的基本单元。

2．工步

在加工表面、切削刀具、切削速度和进给量不变的条件下，连续完成的那一部分工序内容称为工步，生产中也常称为"进给"。整个工艺过程由若干个工序组成；每一个工序可包括一个工步或几个工步。每一个工步通常包括一次走刀，也可以包括几次走刀。

■ 相关知识二　加工顺序安排原则

1．先粗后精

各表面的加工按照粗加工、半精加工、精加工和光整加工的顺序进行，目的是逐步提高零件加工表面的精度和表面质量。

如果零件的全部表面均由数控机床加工，工序安排一般按粗加工、半精加工、精加工的顺序进行，即粗加工全部完成后再进行半精加工和精加工。粗加工时可快速去除大部分加工余量，再依次精加工各个表面，这样既可提高生产效率，又可保证零件的加工精度和表面粗糙度。该方法适用于位置精度要求较高的加工表面。

但这并不是绝对的，如对于一些尺寸精度要求较高的加工表面，考虑到零件的刚度、变形及尺寸精度等要求，也可以考虑这些加工表面分别按粗加工、半精加工、精加工的顺序完成。

对于精度要求较高的加工表面，在粗、精加工工序之间，零件最好搁置一段时间，使粗加工后的零件表面应力得到完全释放，减小零件表面的应力变形程度，这样有利于提高零件的加工精度。

2．基准面先加工

加工一开始，总是把用作精加工基准的表面加工出来，因为定位基准的表面精确，装夹误差就小，所以任何零件的加工过程，总是先对定位基准面进行粗加工和半精加工，必要时还要进行精加工。例如，轴类零件总是对定位基准面进行粗加工和半精加工，再进行精加工。即轴类零件总是先加工中心孔，再以中心孔面和定位孔为精基准加工孔系和其他表面。如果精基准面不止一个，则应该按照基准转换的顺序和逐步提高加工精度的原则来安排基准面的加工。

3．先面后孔

对于箱体类、支架类、机体类等零件，平面轮廓尺寸较大，用平面定位比较稳定可靠，故应先加工平面，后加工孔。这样，不仅使后续的加工有一个稳定可靠的平面作为定位基准面，而且在平整的表面上加工孔，会使加工变得容易一些，也有利于提高孔的加工精度。通常，可按零件的加工部位划分工序，一般先加工简单的几何形状，后加工复杂的几何形状；先加工精度较低的部位，后加工精度较高的部位；先加工平面，后加工孔。

4．先内后外

对于精密套筒，其外圆与孔的同轴度要求较高，一般采用先孔后外圆的原则，即先以外圆作为定位基准加工孔，再以精度较高的孔作为定位基准加工外圆，这样可以保证外圆和孔之间具有较高的同轴度，而且使用的夹具结构也很简单。

5．减少换刀数

在数控加工中，应尽可能按刀具进入加工位置的顺序安排加工顺序。

■ 相关知识三　加工工序的划分

1．按零件装卡定位方式

由于每个零件结构形状不同，各加工表面的技术要求也有所不同，故加工时，其定位方式各有差异。加工外形时，一般以内形定位；加工内形时又以外形定位。因而可根据定位方式的不同来划分工序，待装卡定位的零件图如图10-23所示。

2．粗、精加工

根据零件的加工精度、刚度和变形等因素来划分工序时，可按粗、精加工分开的原则来划分工序，即先粗加工再精加工。此时可用不同的机床或不同的刀具进行加工。通常在一次安装中，不允许将零件某一部分表面加工完毕后，再加工零件的其他表面，如图10-24所示。

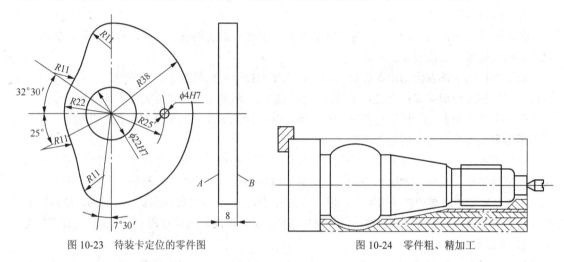

图 10-23　待装卡定位的零件图　　　　　　图 10-24　零件粗、精加工

3．按所用刀具

为了减少换刀次数、压缩空程时间、减少不必要的定位误差，可按刀具集中工序的方法加工零件。即在一次装夹中，尽可能用同一把刀具加工出可能加工的所有部位，然后再换另一把刀加工其他部位。在专用数控机床和加工中心中常采用这种方法。

■ 相关知识四　加工工步的划分

工步的划分主要从加工精度和效率两方面考虑。在一个工序内往往需要采用不同的刀具和切削用量，对不同的表面进行加工。为了便于分析和描述较复杂的工序，在工序内又细分为工步。划分原则如下。

（1）同一表面按粗加工、半精加工、精加工依次完成，或全部加工表面按先粗后精加工分开进行。

（2）对于既有铣面又有镗孔的零件，可先铣面后镗孔，使其有一段时间恢复，以减少由变形引起的对孔精度的影响。

（3）按刀具划分工步。某些机床工作台回转时间比换刀时间短，可采用按刀具划分工步，以减少换刀次数，提高加工生产率。

总之，工序与工步的划分要根据具体零件的结构特点、技术要求等情况综合考虑。

■ 相关知识五　零件加工准备工作的重要性

在数控加工行业中，若是想成为一名合格的数控铣床/加工中心操作工的话，必须要学会独立完成整套零件的加工。对于零件的加工，一般包括以下流程，如图10-25所示。

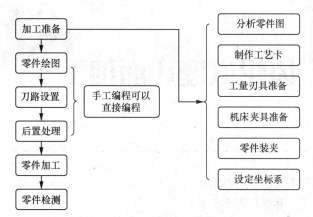

图 10-25　零件加工流程图

在加工中，每个流程都是重要的阶段；但总的来说，零件加工准备在提高效率成本上起最大的主导作用，因为它指导了接下来的具体加工过程。

知识拓展

■知识拓展　仿真加工

根据图 10-26 所示零件图，分析加工工艺，并仿真加工。

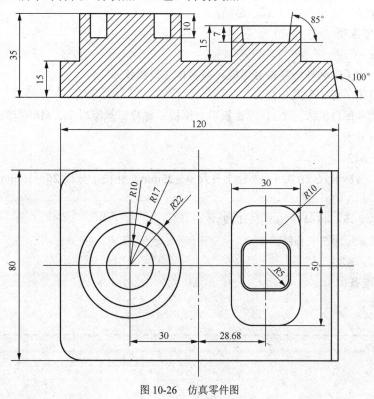

图 10-26　仿真零件图

■ **本任务学习目标**

1. 给出二维零件图，能够绘制出图。

2. 能够分析工艺，并进行刀路设置。

3. 能够熟练掌握反面对刀的方法。

4. 能够正确进行后置处理，并加工出合格零件。

■ **本任务建议课时**

18 学时。

■ **本任务工作流程**

1. 课前准备。　　　　　　　2. 二维绘图。

3. 学生练习巩固。　　　　　4. 分析零件图。

5. 分析加工工艺。　　　　　6. 二维刀路设置。

7. 反面对刀练习。　　　　　8. 螺纹攻丝。

9. 加工准备。　　　　　　　10. 零件加工。

11. 教师评改。　　　　　　　12. 总结。

■ **本任务教学准备**

教师准备：

1. 机房　除了电脑外还需备有黑板、多媒体（投影仪）。

2. 数控机床（每 3 个人一台）。

3. 台虎钳（每台机床一个）、虎钳扳手、压板、螺栓、丝维板手、M6 螺丝。

4. 杠杆百分表。

5. 铣刀：ϕ12。

6. 量具：游标卡尺（0.02）、外径千分尺 0～25mm、外径千分尺 25～50mm、内径千分尺 5～30 mm。

7. 半成品毛坯：45×45×20 铝块 1 块。

8. 钻头：ϕ5、ϕ5 中心钻。

9. 倒角刀：ϕ8。

学生配合准备：

1. 草稿本。

2. 笔。

课前导读

请完成表 11-1 中的内容（看图片，并填出各图片中对刀仪器的名称）。

表 11-1　　　　　　　　　　　　　　课前导读

序　号	实物或示意图	名　称	序　号		
1			6		
2			7		
3			8		
4			9		
5			10		

情景描述

数控加工中，一般安装好工件后设定坐标系，然后进行加工。在前面初级阶段中，我们都是用毛坯加工和用刀具直接对刀。但在很多时候，特别是对外来料流水线分散加工的时候，大多是半成品来料加工，如图 11-1 所示。对于这种半成品，若是直接用铣刀对刀的话就会损伤工件，造成零件的报废，这时应该怎样加工？

任务实施

训练一　齿轮底座正面的造型与工艺安排

根据图 11-1 零件图完成以下任务。

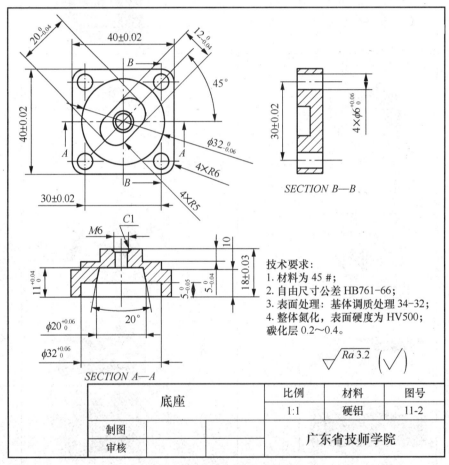

技术要求：
1. 材料为 45 #；
2. 自由尺寸公差 HB761-66；
3. 表面处理：基体调质处理 34-32；
4. 整体氮化，表面硬度为 HV500；
碳化层 0.2～0.4。

$\sqrt{Ra\,3.2}$ $\left(\sqrt{}\right)$

底座		比例	材料	图号
		1:1	硬铝	11-2
制图				
审核		广东省技师学院		

图 11-1　齿轮底座加工零件图

■ 任务实施一　用 MasterCAM 9.1 软件绘制出底座正面的实体图

绘图的时候，有个问题需要注意：绘图要结合加工时的零点位置，画图的原点要和加工原点位置一样；所以画底座时必须以顶面作为原点。造型步骤如表 11-2 所示。

表 11-2 绘制实体造型步骤

操作步骤	示意图
1. 单击辅助菜单栏 【Z: -18.000】，输入-18 2. 单击【绘图】—【R 矩形】—【一点】，弹出参数对话框，输入【宽度 40】、【高度 40】，在点的位置中选择中间放置；—【确定】，中心点位置以抓点方式放在【O 原点（0,0）】 3. 回主功能表单击【绘图】—【F 倒圆角】—【R 圆角半径】，输入 6，回车。分别单击矩形的两相邻直角边 4. 回主功能表单击【O 实体】—【挤出】—【串连】，单击矩形，—【执行】—【构图 Z 轴】—【执行】，再输入 10	
1. 单击辅助菜单栏 【Z: -8.000】 输入-8。 2. 单击【绘图】—【圆弧】—【点直径圆】—请输入直径 30，—中心放在【原点】 3. 回主功能表点击【O 实体】—【挤出】—【串连】—单击圆，—【执行】—【构图 Z 轴】—【执行】，选择【增加凸缘】，在【依指定之距离延伸 距离 3.0】中输入 3，单击【确定】	φ30
1. 单击辅助菜单栏 【Z: -5.000】 输入-5。 2. 单击【绘图】—【R 矩形】—【选项】弹出对话框，在【off 半径 5.0 off 角度 45°】—【确定】；点击【一点】，弹出对话框，输入【宽度 20】、【高度 12】，单击【确定】，中心位置点击【原点】 3. 回主功能表单击【O 实体】—【挤出】—【串连】—单击矩形，—【执行】—【构图 Z 轴】—【执行】，选择【增加凸缘】，在【依指定之距离延伸 距离 5】。单击【确定】	20⁰₋₀.₀₄ 12₋₀.₀₄ 45° 4×R5
对于中间的 M6 螺纹孔，在自动编程中，钻孔只需选择中心点即可，所以不需要画出来，特别是对于 M6 螺纹孔是在原点的位置。至于倒角，只需选择倒角刀直接倒角就行了	

■ 任务实施二 分析齿轮底座正面的加工工艺，制作出工艺卡片和刀具清单

1. 零件图分析

本零件由于采用自动编程，所以画图是关键。此零件图通过上个任务的图形绘制后，尺寸没有遗漏标注或矛盾，其轮廓不多。该零件在精度要求上没什么要求较高的精度，都是在 0.04~0.06mm 的公差，在数控铣床上容易保证，加工难度不大。

在形位公差上，本零件图没什么特别的要求，所以在加工时减轻了装夹的要求，难度也降低了。

在表面上，没有局部的特别要求，只是在其余中标示了 Ra3.2，对于加工铝块来说，较容易保证，但在技术要求中还有表面阳极处理，注意不要留有伤痕。

2. 工序安排

根据基准优先原则，底座已加工好了，所以只加工零件的正面即可。

3. 装夹方案

对于此零件，其外形都是属于比较正方的，所以可以用虎钳装夹夹持 40mm×40mm 的最大外形。

4. 制作刀具清单（见表 11-3）。

表 11-3   刀具清单

产品名称			零件图号			
序号	刀号	刀具规格名称	刀柄型号	刀长	刀具材料及结构	备注
1	T1	ϕ12 平底铣刀	BT40-ER32-70L	20	高速钢 HSS	粗、精加工
2	T2	中心钻	BT40-APU16	10	高速钢 HSS	定位
3	T3	ϕ5 钻头	BT40-APU16	20	高速钢 HSS	钻孔
4	T4	ϕ8 倒角刀	BT40-ER32-70L	20	高速钢 HSS	倒角
5	T5	M6 丝锥	BT40-ER32-70L	20	高速钢 HSS	攻丝

5. 制作工艺卡片（见表 11-4）。

表 11-4   制作工艺卡片

工序号	4		单位		产品名称	零件图号
			×××		底座	P2-3-1
					车间	使用设备
					数铣车间	VMC850
					夹具名称	机床类型
					台虎钳	三轴加工中心
					程序号	子程序号
					O0004	

1. 装夹时虎钳夹住工件 8mm。
2. 注意不要夹伤工件。

工步号	工步名称	刀具号	补偿号	主轴转速	进给速度	切削深度	工步内容	备注
1	铣平面	T1	1	3000	300	0.6	精加工平面厚度到位	
2	粗加工	T1	1	1500	1200	0.8	去除矩形、圆形凸台余量	
3	精加工	T1	1	3000	200	到底	精加工矩形、圆形凸台	
4	钻中心孔	T2	2	2500	50	0.5	钻 M6 螺纹孔的中心孔	
5	钻底孔	T3	3	1100	100	3	钻 M6 螺纹底孔	
6	倒角	T4	4	4000	600	0.5	去除毛刺	
7	攻丝	T5	5			到底	手攻 M6 螺纹	

编制者			审核者			年 月 日	

训练二　齿轮底座正面的编程

■ 任务实施一　设置刀具路径

1. 工步一：铣平面

在工序分析中分析过，加工此工序需把外形加工成四边形，所以这里需要画多一个四边形线框。

（1）执行【刀具路径】—【F 面铣】—【串连】—串连刚绘制的四边形线框—【执行】命令，弹出参数设置框。参数对话框中，有两个参数设置，一个是刀具参数，一个是平面铣专有参数。刀具参数是每个刀具路径都相同的，其设置方法和之前所学的是一样的，因此这里不在赘述。

（2）设置面铣加工参数，结果如图 11-2 所示。

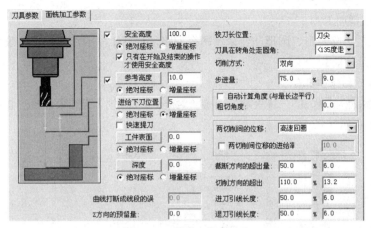

图 11-2　面铣加工参数设置

2．工步二：粗加工

（1）去除矩形凸台余量，选择外形铣削加工刀路，顺时针方向加工，其参数设置如图 11-3 所示。

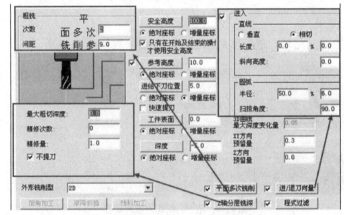

图 11-3　去除矩形凸台余量参数设置

（2）去除圆形凸台余量。选择外形铣削刀路进行加工，顺时针方向加工，其参数设置的刀具参数、Z 轴分层铣深、进/退刀向量如图 11-3 一样，其余外形铣削参数如图 11-4 所示。

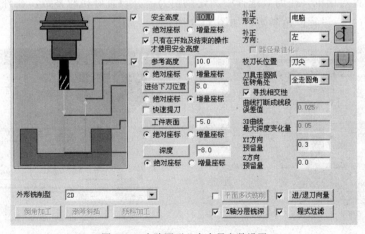

图 11-4　去除圆形凸台余量参数设置

3．工步三：精加工

复制工步二的去除矩形、圆形凸台余量两个刀路，根据工序卡片的参数修改其【切削用量】、【余量】、【进/退刀向量】。

4．工步四：钻中心孔

执行 **T刀具路径**—**D钻孔**—**M手动**—**O原点(0,0)**—按【取消】键结束选择—**D执行** 命令，其参数设置如图 11-5 所示。

图 11-5　钻中心孔的参数设置

5．工步五：钻底孔

复制钻中心孔的刀具路径，进行参数修改，修改后参数如图 11-6 所示。

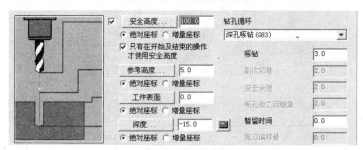

图 11-6　钻 M6 底孔的参数设置

6．工步六：倒角

选择外形铣削方式，串联 20×12 凸台、ϕ32 圆凸台、M6 螺纹孔、4× ϕ6 孔及最大外形轮廓线，弹出参数设置对话框，在刀具选择中新建倒角刀，并设置好相应参数，在外形铣削类型中选择【2D 倒角】方式，设置倒角参数，如图 11-7 所示。

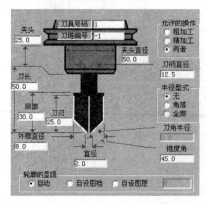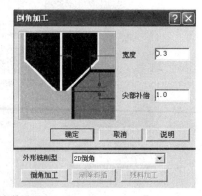

图 11-7　倒角参数设置

7. 工步七：攻牙

复制钻中心孔的刀具路径，修改参数如图 11-8 所示。

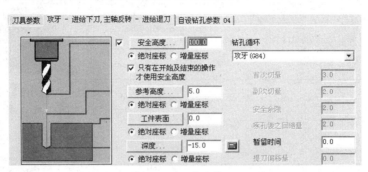

图 11-8 攻牙的参数设置

设置完所有刀具路径后，其结果如图 11-9 所示。

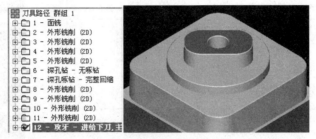

图 11-9 底座正面加工最终结果

训练三 齿轮底座第二次装夹面的坐标设定——对刀

在加工一个正反面零件时，加工完一面后，第二次装夹加工另一面时，由于其毛坯在第一次装夹时不能把四周余量去除完全，所以反面加工时会留有余量，如图 11-10 所示。并且其四周的加工余量不均匀，使用偏心分中棒不能进行精确分中。因此，必须选择百分表进行分中。

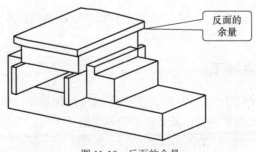

图 11-10 反面的余量

■ 任务实施一 利用百分表进行反面对刀（以对 X 轴为例）

请完成填写表 11-5 空白处的内容。

表 11-5　　　　　　　　　　　　　反面对刀相关任务

步骤	对刀过程	示意图
第一步	把配件和百分表加长杆组合，装上百分表。	
第二步	把百分表加长杆装在刀夹头上，装在机床主轴上。	
第三步		 表针旋转半圈 
第四步		

训练四　齿轮底座正面的加工

■ 任务实施一　后置处理

当设置完所有刀具路径，仿真无误后，即可进行程序后置处理。其步骤和上节课讲述的相同，此处不赘述。

■ 任务实施二　实训加工

（1）当完成前面的四个任务后，即可进行零件装夹—坐标设定—传输程序进行零件加工。注意的是加工过程中一定要记得多测量，最好每个轮廓都进行半精加工后，进行测量确定其刀具实际大小，然后进行补偿。

（2）反面尺寸控制

① 反面用虎钳装夹，工件伸出钳口一定的安全距离。

② X、Y 轴原点定在工件的中心，Z 轴原点定在毛坯上表面。

③ 零件总高的保证（18±0.03）：先把上表面光平，但要保证有足够多的余量，通过测量此时的总高度，与 18±0.03 尺寸相比较，然后把剩余的余量去掉，如果余量过多则要分层加工，如图 11-11 所示。

（3）加工后的最终预算结果如图11-12所示。

图 11-11　反面尺寸控制

图 11-12　加工后结果图

■ 任务实施三　攻丝

请完成填写表图11-6空白处的内容（请填写工具名称）。

表 11-6　　　　　　　　　　　攻丝相关任务

序号	名称	实物图
1		
2		
3		
4	攻丝后最终结果图	

任务考核

请对照任务考核表（见表11-7）评价完成任务结果。

表 11-7　　　　　　　　　　　任务考核

课程名称		数控铣工工艺与技能	任务名称	齿轮底座正面加工		
学生姓名			工作小组			
评分内容		分值	自我评分	小组评分	教师评分	得分
任务质量	独立完成零件图的绘制	10				
	独立完成工艺的分析	5				
	独立完成刀具路径的设置	5				
	独立完成反面对刀	10				
	独立完成零件的加工	30				

续表

课程名称	数控铣工工艺与技能		任务名称	齿轮底座正面加工		
学生姓名			工作小组			
评分内容		分值	自我评分	小组评分	教师评分	得分
团结协作		10				
劳动态度		10				
安全意识		20				
权重			20%	30%	50%	
总体评价	个人评语：					
	教师评语：					

相关知识

■ 相关知识一　寻边器的类型

寻边器，是在 CNC 数控加工中，用于精确确定被加工工件的中心位置的一种检测工具。因为生产的需要，分中棒有不同的类型，如光电式、防磁式、回转式、陶瓷式、偏置式等。比较常用的是偏置式，由于其具有价格低廉及方便耐用的优点，故在加工中应用广泛。请对照表 11-8 认识寻边器的类型。

表 11-8　　　　　　　　　　寻边器的类型

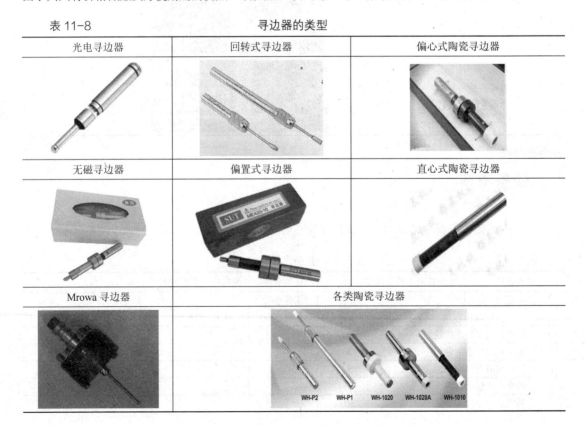

光电寻边器	回转式寻边器	偏心式陶瓷寻边器
无磁寻边器	偏置式寻边器	直心式陶瓷寻边器
Mrowa 寻边器	各类陶瓷寻边器	

■ 相关知识二　寻边器的使用原理

1．光电寻边器

光电感应式寻边器结构如图 11-13 所示，其工作原理是利用工件的导电性，当球头接触到工件表面时电流形成回路，发出声、光报警信号。球头直径尺寸规格一般为 10mm，球头

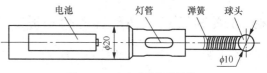

图 11-13　光电式寻边器结构

用一弹簧与本体相连，可拉出，用以防止撞坏寻边器。利用寻边器的这些特性，将其装夹在机床主轴上就可以用它来对刀、找正和测量工件。

2．偏心式寻边器

偏心式寻边器又叫机械式寻边器，寻边器的夹持端是 $\phi10$ 的直径，可以用标准锁嘴夹持，装在主轴上；装上主轴后，旋转主轴（一般 400~600rpm），夹持端被夹持住不能旋转，而测定端联接弹簧有范围地偏心旋转，如图 11-14 所示。

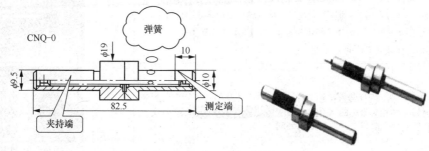

图 11-14　偏心寻边器的原理

3．偏心式寻边器对刀的原理

主轴旋转后，偏心分中棒的测定端处于偏心旋转（见图 11-15（a））；缓慢的移动工件或寻边器，慢慢接触工件，偏心寻边器就会达到全接触状态，宛如静止的状态接触着，测定端和夹持端成一直线（见图 11-15（b））。但寻边器在旋转过程中，操作者很难观察到是否真的是直线，这也是偏心寻边器的原理，此时若再进 0.005 以上的距离，偏心分中棒就会产生偏心（见图 11-15（c））；操作者就可以很容易观察出来了。

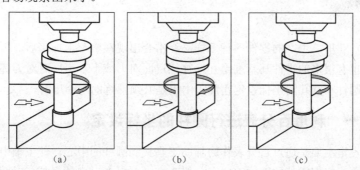

（a）　　　　　　　　（b）　　　　　　　　（c）

图 11-15　偏心寻边器的工作原理

4．偏心寻边器注意事项

（1）勿使用分中棒弯曲或勉强拖拉，否则会影响精度。

（2）滑动端面勿粘附异物或微尘。

（3）在测量时，转速不能超过 600rpm。

（4）偏置式分中棒不适合在横型的机器上使用。

■ 相关知识三　利用偏心寻边器对刀

采用偏心寻边器对刀过程见表 11-9。

表 11-9　　　　　　　　　　　　　　　　偏心寻边器对刀过程

步骤	示意图
1. 把偏心寻边器装上主轴 2. 在 MDI 方式下，输入 M3 S500，接着按【循环启动】键，旋转主轴，偏心寻边器处于偏心旋转状态下 3. 移动寻边器到工件的一边	
4. 慢慢地移动寻边器，从偏心旋转到静止状态，再到偏心。注意的是当偏心分中棒接触到工件后，其移动量不能过大，应该转向 0.01 的进给量 5. 按【POS】位置显示，选择【相对坐标】，按【X】，【起源】 6. 抬起主轴，移动到工件的另一侧	
7. 慢慢移动寻边器，同样慢慢接触工件，偏心分中棒从偏心到静止再到偏心状态。此时请记住相对坐标的 X 值，例如为 X　　110.005，则要找工件中心的位置即是此值除以 2，即【110/2=55】	
8. 按【OFFSET】键，再选择【坐标系】选项。移动光标到 G54 坐标系 9. 输入 X55.0，按【测量】选项；完成 X 坐标的对刀 10. 抬起分中棒 11. 按【复位】键，停止主轴旋转	

知识拓展

在机械加工行业里，生产的零件多种多样，经常会出现在数车上加工后，再到数铣上加工一些内容的情况；也有很多的零件其基准是孔，往往反面对刀或下一工序时对刀都是以孔为坐标原点的。所以对于圆柱和圆孔的坐标设定在加工中也是必须熟练的一个项目。

■ 知识拓展一　利用百分表进行圆柱的坐标设定

圆柱的坐标设定主要是通过百分表作为辅助工具找到圆柱的中心，使主轴中心和圆柱的中心重合；其重合度主要根据零件的要求而定，一般为在 0.02mm 以内的误差。对圆柱进行坐标设定时，一般是二点定圆法，即是使三个象限点的值在允许误差内即可。利用百分表进行圆柱坐标设定的操作步骤如表 11-10 所示。

表 11-10 利用百分表进行圆柱坐标设定

1. 先大约定中心；可以装上钻头、中心钻、倒角刀等尖刀进行大约定中心，可以提高效率，熟练了也可以不需要这个步骤	2. 装上百分表，把百分表贴在主轴边上，调整百分表，让其大约对齐一边 X 轴左边象限点，然后旋转主轴，转到其他点	3. 旋转主轴，带动百分表到 Y 轴上端的象限点，观察其距离工件的距离

4. 旋转主轴，带动百分表到 X 轴的右边，观察其到工件的距离	5. 调整到三点距离大约相同后，再调整百分表，下移百分表	6. 再调整百分表，让百分表压住工件到一定的值，最好是百分表的中间值

7. 旋转主轴，让百分表再到其他两个象限点，看其表值是否和第一个象限点相同。若不相同，则先移动 X 轴到相同，然后再移动到 Y 轴象限点相同；若是移动到一端有接触，另一端无接触，则在无接触端移动到大约一半的距离最后重新调整百分表，压住工件到一定值

8. 继续旋转主轴，观察其他两个象限点的坐标，同样先调整 X 轴到对称，然后再调整 Y 轴到和 X 轴相同的值；这样一步一步地调整。

9. 最后调整到三个点都是相同值以后，则在 G54 坐标中，输入 X0-测量值、Y0-测量值进行坐标原点设定

10. 设定完坐标后，抬起主轴

■ 知识拓展二　利用百分表进行圆孔坐标的设定

　　圆孔的坐标设定和圆柱的坐标设定使用差不多相同的方法，只是圆孔坐标设定中没有第一步先大约找到中心位置的参照物。这是由于圆柱经过车削后，一般中间都会有中可供心纹路（见表 11-11）参照，而孔没有。但若圆柱端面经过磨削，即没有参照后，那就与圆孔坐标设定的过程一样了，其方法见表 11-11。

表 11-11　　　　　　　　　　　　利用百分表进行圆孔坐标设定

图 1

图 2

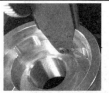
图 3

　　1. 装好百分表后，把百分表贴在主轴边上，调整百分表使其差不多对准 X 轴的左象限点。

　　2. 旋转主轴带动百分表到 Y 轴的象限点及到 X 轴的右边象限点。

　　3. 先看 X 轴的差值，看图 1 和图 3 的 X 轴是明显不对称的，那么此时就移动 X 轴让其差不多对称，之后看大约有多少距离，移动 Y 轴的象限点也差不多到这个距离。

图 4

图 5

图 6

　　4. 完成上面几步后，再调整百分表让其差不多对准 X 轴的右端象限点，如图 4 所示。

　　5. 继续旋转主轴带动百分表，观看其余两个象限点的位置是不是差不多距离，如图 5、图 6 所示。

图 7

　　6. 根据圆柱的坐标设定方法，接下来该怎么完成下面的步骤呢？请同学们好好思考操作。

任务十二 12 齿轮转台加工

　　同学们已经能够采用自动编程加工出零件，掌握了自动编程的加工步骤，能对简单的零件进行二维零件的编程并加工。但有一些带有曲面的零件，则需要采用三维刀路来编程加工。此外，对于相互配合的零件则要对配合尺寸做精度的控制，以达到配合的目的。有些特殊的零件配合出于装夹的考虑，需要配作才能完成零件的加工。

- ■ **本任务学习目标**
  1. 给出零件图，能够绘制图形。
  2. 能够分析工艺，并进行二维、三维刀路设置。
  3. 能够控制配合零件的配合尺寸的，并加工出合格配合件。

- ■ **本任务建议课时**　　24 学时。

- ■ **本任务工作流程**

  1. 课前准备。　　　　　　2. 绘制图形。
  3. 学生练习巩固。　　　　4. 分析零件图。
  5. 分析加工工艺。　　　　6. 三维刀路设。
  7. 后置处理。　　　　　　8. 学生练习巩固。
  9. 加工准备。　　　　　10. 配合零件加工。
  11. 教师评改。　　　　　12. 总结。

- ■ **本任务教学准备**

  教师准备：

  1. 除电脑外还需备有黑板、多媒体（投影仪）。
  2. 数控机床。
  3. 台虎钳、虎钳扳手、压板、螺栓。
  4. 杠杆百分表。
  5. 铣刀：$\phi 8$、$\phi 12$、$\phi 6R3$。
  6. 量具：游标卡尺（0.02）、外径千分尺 0～25、外径千分尺 25～50、内径千分尺 5～30。
  7. 毛坯：45×45×20 铝块 1 块；已加工好的齿轮底座零件一个。
  8. 钻头：$\phi 7$。
  9. 倒角刀：$\phi 8$。

  学生配合准备：

  1. 草稿本。　　2. 笔。

课前导读

请完成表 12-1 中的内容（阅读教材查询资料在课前完成，相应□中打√号）。

表 12-1　　　　　　　　　　课前导读

1	在造形时，旋转命令中的旋转个数为总的旋转数。	对□	错□
2	三维刀路有哪些？常用的有哪些？	答：	
3	对于实体倒圆角最好采用什么加工刀路？	答：	
4	对于实体简单斜面最好采用什么加工刀路？	答：	
5	三维刀路中的深度控制可采用哪些方法来得到？	答：	
6	三维刀路中的挖槽加工中可以不用加工边界。	对□	错□
7	三维刀路不能用曲面来创建加工刀路。	对□	错□
8	配合性质中有几种配合方式？	答：	
9	配合加工只有边配边做一样方式。	对□	错□
10	配合时凸台最好做大些，凹槽最好做小些。	对□	错□
11	配合时最好对轮廓中的圆角进行处理。	对□	错□
12	配合的零件尺寸最好做成越准越好。	对□	错□
13	在边配边做时，如果进不去时可用铁块来敲打。	对□	错□

情景描述

老师发下加工任务后，有些同学分析零件图纸时发现几个问题：第一，图纸中有 R2 倒圆角和 20 度锥角，按所学的刀路是没办法加工；第二，齿轮的反面轮廓中有一个键槽跟之前所加工的零件的键槽是一样的，只是公差不一样而已；第三，此零件不好装夹，如果按照正反面来装夹容易导致变形，肯定不可取的。对于这些问题，大家都在议论着该如何解决。你分析此图纸后也会有这些疑问吗？如果有不妨看看下面的内容就知道如何解决了。

任务实施

训练一　齿轮转台的造型与工艺安排

根据如图 12-1 所示的零件图完成以下任务。

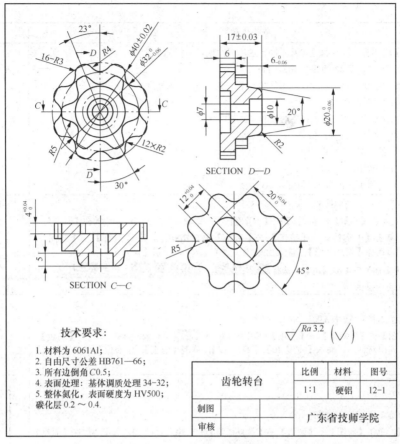

图 12-1　齿轮转台零件图

■ 任务实施一　用 MasterCAM 9.1 软件绘制出齿轮转台的实体图

绘图的时候，有个需要注意的问题是：绘图要结合加工时的零点位置，画图的原点要和加工原点位置一样；所以画底座时必须以顶面作为原点。绘制齿轮转台的操作步骤如表 12-2 所示。

表 12-2　　　　　　　　　　　绘制齿轮转台的操作步骤

操作步骤	示意图
1. 单击辅助菜单栏 **Z: -17.000**，输入 -17 2. 先画中心线：执行【绘图】—【直线】—【极坐标线】命令，起始位置选择【原点】，输入角度（112.5），再输入线长（25）。接着可以继续输入起始位置【原点】，输入角度（90），再输入线长（25） 3. 画 φ40 圆：单击【绘图】—【圆弧】—【点直径圆】—请输入直径 40，一中心放在【原点】 4. 画 R4 圆弧：单击【绘图】—【圆弧】—【点半径圆】—输入半径 4，中心放在 φ40 圆和 90 度直线的交点处 5. 倒 R3 圆角：【绘图】—【F 倒圆角】—【R 圆角半径】，输入 3 回车。单击矩形的两相邻直角边 6. 修剪成一份的一半：执行【修整】—【修剪延伸】—【单一物体】命令，单击位置和顺序如步骤 5 7. 镜像成一份：执行【转换】—【镜射】—选中那三条圆弧-【执行】—【Y 轴】—【复制】—确定命令 8. 旋转其他份：执行【转换】—【旋转】—选中 6 段圆弧—【执行】—选择【原点】作为旋转中心点—选择【复制】、【次数 7】、【角度 45】-【确定】命令	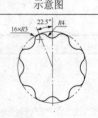

续表

操作步骤	示意图
此段步骤与上段步骤一样，只是参数不同，这里只注明不一样的参数 1. 单击辅助菜单栏 **Z: -11.000** 输入−11 2. 先画中心线：角度（−60），再输入线长（20），再一条的角度输入角度（−90），再输入线长（20） 3. 画 φ32 圆：输入直径 32 4. 画 R5 圆弧：输入半径 5，放在中心线和 φ32 的交点处 5. 倒 R2 圆角：输入 2 的半径值 6. 修剪成一份的一半 7. 镜像成一份：Y 轴为镜像轴 8. 旋转其他份：增加次数为 5，角度为 60	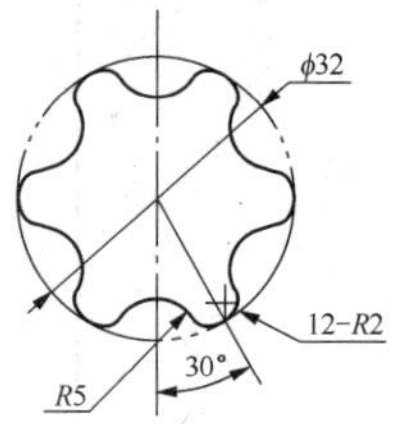
1. 单击辅助菜单栏 **Z: -6.000** 输入−6 2. 画 φ20 圆：单击【绘图】—【圆弧】—【点直径圆】—请输入直径 20，一中心放在【原点】 3. 画实体：单击【0 实体】—【挤出】—【串连】—单击矩形，—【执行】—【构图 Z 轴】—【执行】，选择【增加凸缘】、☑ 增加拔模角、角度：10.0，单击【确定】 4. 倒圆角：【实体】—【倒圆角】—选择 E 实体边界 Y、F 实体面 N、S 实体主体 N，单击上面的边界。结果如右图	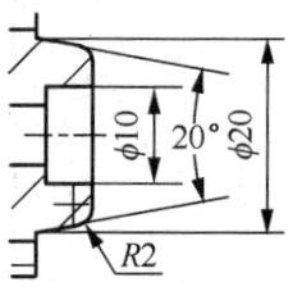
1. 单击辅助菜单栏 **Z: -17.000** 输入−17 2. 单击【绘图】—【R 矩形】—【选项】弹出对话框，☑ 开 半径 5.0、☑ 开 角度：45.0 —【确定】；单击【一点】，弹出对话框，输入【宽度 20】、高度 12】，单击【确定】，中心位置单击【原点】	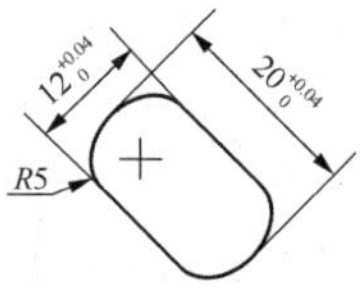
1. 单击辅助菜单栏 **Z: 0.000** 输入 0 2. 画 φ10 圆：单击【绘图】—【圆弧】—【点直径圆】—请输入直径 10，一中心放在【原点】	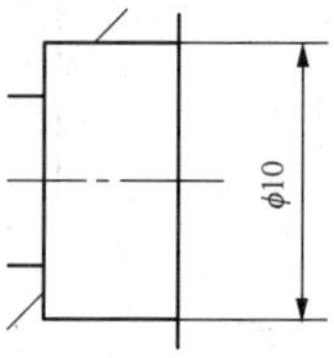
结果如右图	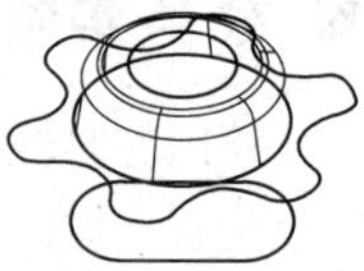

齿轮转盘第一步的步骤分解如表 12-3 所示。

表 12-3　　　　　　　　　　　齿轮转盘第一步的步骤分解

1	2	3	4
	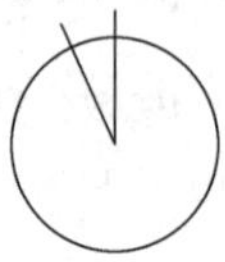		 点击这里倒圆角

5	6	7	

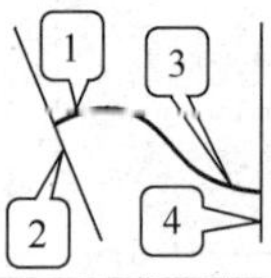

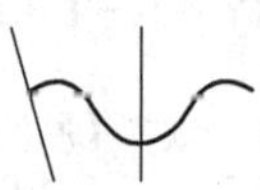

齿轮转盘第二步的步骤分解如表 12-4 所示。

表 12-4　　　　　　　　　　　齿轮转盘第二步的步骤分解

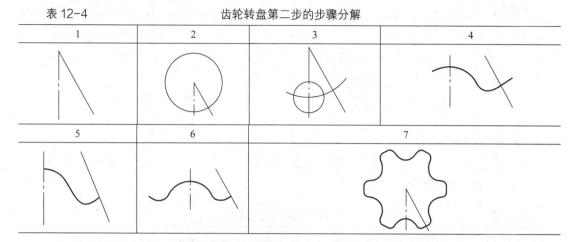

1	2	3	4
5	6	7	

若是怕第一步画的线框会被删除的话，可以进行隐藏，步骤是点击 ，窗选要隐藏的图素。

■ 任务实施二　分析齿轮转盘的加工工艺，制作出工艺卡片和刀具清单

1. 零件图分析

本零件由于采用自动编程，所以画图是关键。此零件图通过上个任务的图形绘制后，尺寸没有漏标或矛盾。虽然是配合的两个双面零件，但其轮廓不多，配合性质简单，主要是在加工曲面时需要注意。

该零件图在精度要求上不高，都是 0.04～0.06mm 的公差，在数控铣床上加工容易保证，所以加工难度不大；对于配合的轮廓，也比较简单，容易保证。

在几何公差上，本零件图没什么特别的要求，所以在加工时减轻了装夹的要求，难度也降低了。

在表面上，没有局部的特别要求，只是在其余中标示了 Ra3.2，对于加工铝块来说，较容易保证，但在技术要求中还有表面阳极处理，注意不要留有伤痕。

2. 工序安排

由于这里涉及配合，所以为了保证配合，在加工中一般都是先加工凸模，再加工凹模。因为凸模容易测量，较容易保证精度；凹模较难测量准确，所以一般都是拿来配做。但此零件图有两个配合，其凸模部分分配在两个零件上，从而应选择以较难的配合为优先准则，因而应先加工齿轮转台这个凸模配合。在齿轮转台中，根据基准优先原则，应先加工底面，再加工正面，但由于此零件的底部外形不是正规的方形或圆形，不好装夹，因此为了能够装夹，应先加工出正方形形状，等加工完底座再配做出来。底座的加工同样根据基准先行原则，应先加工底面再加工正面，所以此零件的工序加工安排是：齿轮底面，齿轮正面。

3. 装夹方案

对于此套零件，其外形都是属于比较正方的，所以可以用虎钳装夹。对于齿轮转台，其外形虽然是异形，不能用虎钳装夹，但和底座配合后，锁上螺丝，同样可以夹住底座在虎钳上加工。

4. 制作刀具清单（见表 12-5）

表 12-5   齿轮转盘的刀具清单

产品名称			零件图号			
序号	刀号	刀具规格名称	刀柄型号	刀长	刀具材料及结构	备注
1	T1	ϕ12 平底铣刀	BT40-ER32-70L	20	高速钢 HSS	粗、精加工
2	T2	ϕ8 平底铣刀	BT40-ER32-70L	20	高速钢 HSS	粗、精加工
3	T3	ϕ6 平底铣刀	BT40-ER32-70L	20	高速钢 HSS	粗、精加工
4	T4	ϕ7 钻头	BT40-APU16	20	高速钢 HSS	
5	T5	ϕ6 球刀	BT40-ER32-70L	20	高速钢 HSS	
6	T6	ϕ8 倒角刀	BT40-ER32-70L	20	高速钢 HSS	

5．制作工艺卡片（见表 12-6、表 12-7 和表 12-8）

工序一：齿轮转台底面。

表 12-6   齿轮转台底面的工艺卡片

工序号	1		单位		产品名称	零件图号
			×××		齿轮转台	P4-1
		1. 装夹时虎钳夹住工件 5mm。2. 加工时注意加工深度不要铣刀钳口。			车间	使用设备
					数铣车间	VMC850
					夹具名称	机床类型
					台虎钳	三轴加工中心
					程序号	子程序号
					O0001	

工步号	工步名称	刀具					工步内容	备注
		刀具号	补偿号	转速	进给速度	切削深度		
1	铣平面	T1	1	3000	300	0.6	精加工 B 向平面	
2	粗加工外形	T1	1	1500	400	5	粗加工外形	
3	粗加工键槽	T2	2	1800	600	0.5	去除键槽余量	
4	精加工	T2	2	2500	200	到底	精加工外形、键槽	
5	钻孔	T4	4	900	100	3	钻孔	
6	倒角	T5	5	4000	600	0.5	去除毛刺	
编制者	×××		审核者		×××		年 月 日	

工序二：齿轮转台正面。

表 12-7   齿轮转台正面的工艺卡片

工序号	2		单位		产品名称	零件图号
			×××		齿轮转台	P4-2
					车间	使用设备
					数铣车间	VMC850
					夹具名称	机床类型
					台虎钳	三轴加工中心
装夹时虎钳夹住工件 5mm。注意应该垫纸片或铜片不要夹伤工件。					程序号	子程序号
					O0002	

续表

工序号	2	单位					产品名称	零件图号
		×××					齿轮转台	P4-2
工步号	工步名称	刀具					工步内容	备注
		刀具号	补偿号	主轴转速	进给速度	切削深度		
1	铣平面	T1	1	3000	300	0.6	铣正面加工厚度到位	
2	粗加工1	T1	1	1500	1200	1	去除锥台余量	
3	粗加工2	T2	2	1800	800	0.5	去除6边花台余量、去除Φ10孔余量	
4	精加工1	T2	2	2500	200	到底	精加工6边花台、Φ10孔	
5	精加工2	T5	5	5000	800	0.2	精加工锥度曲面	
6	清角	T2	2	5000	700	0.06	去除上工序精加工的余量	
7	倒角	T6	6	4000	600	0.5	去除毛刺	
编制者		×××			审核者	×××	年 月 日	

工序三：齿轮转台外形。

表 12-8　　　　　　　　　　齿轮转台正面的工艺卡片

工序号	3	单位	产品名称	零件图号
		×××	底座	P4-3

	1．装夹时底座与齿轮转台配合后，锁好螺丝。 2．虎钳夹住底座 8mm，注意不要夹伤工件。 3．对刀时可以以底座为基准对 X 轴、Y 轴，Z 轴以顶面零点。	车间	使用设备
		数铣车间	VMC850
		夹具名称	机床类型
		台虎钳	加工中心
		程序号	子程序号
		O0005	

工步号	工步名称	刀具					工步内容	备注
		刀具号	补偿号	主轴转速	进给速度	切削深度		
1	粗加工	T3	3	2100	300	0.5	去除齿轮转台8边花盘余量	
2	精加工	T3	3	2100	150	到底	精加工齿轮转台8边花盘	
3	倒角	T6	6	4000	600	0.5	去除毛刺	
编制者		×××			审核者	×××	年 月 日	

训练二　齿轮转台的编程与加工

■ 任务实施一　设置刀具路径

工序一：齿轮转台底面刀具路径设置。

1．工步一：铣平面（略）

2. 工步二：粗加工外形（略）

3. 工步三：粗加工键槽

【刀路设置】-**C 外形铣削**-**C 串连**-串连键槽边框，这里选择顺时针箭头方向，-**D 执行**，弹出参数对话框，选择 2 号刀具，参数设置如图 12-2 所示。

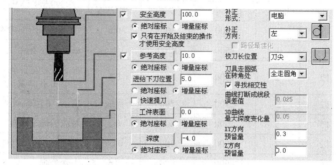

图 12-2　粗加工键槽参数设置

4. 工步四：精加工（学生思考完成）

5. 工步五：钻孔（学生思考完成）

6. 工步六：倒角（学生思考完成）

7. 最后结果（见图 12-3）

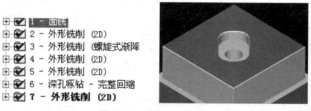

图 12-3　工序一结果图

工序二：齿轮转台正面加工。

1. 工步一：铣平面

其方法和上个工序一样，参数基本一样，只是为了避免厚度留下过多余量，所以应该分层加工；需修改的参数如图 12-4 所示。

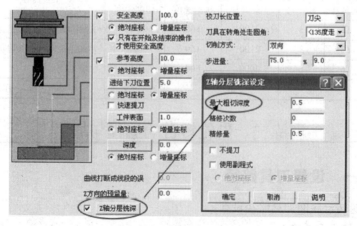

图 12-4　平面参数设置修改处

2．工步二：粗加工 1

选择外形铣削刀具路径进行加工。其参数设置如图 12-5 所示。

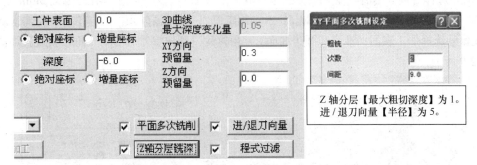

图 12-5　去除锥台余量刀具路径设置参数

3．工步三：粗加工 2

（1）去除 6 边花台余量：选择外形铣削刀具路径，其参数设置如图 12-6 所示。

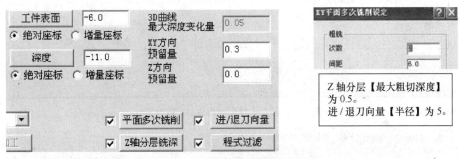

图 12-6　去除 6 边花台余量参数设置

（2）去除 $\phi10$ 孔余量：选择外形铣削刀具路径，其刀具参数和图 12-2 一样，其余修改参数设置如图 12-7 所示。

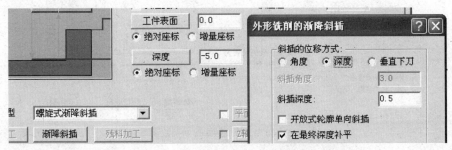

图 12-7　去除 $\phi10$ 孔余量参数设置

4．工步四：精加工 1

同样复制去除 6 边花台余量、去除 $\phi10$ 孔余量的刀具路径，根据工序卡片提供的参数对应修改：【切削用量】、【余量】、【进退刀】等参数的设置。

5. 工步五：精加工 2

此工步加工的是锥度圆角曲面，所以不能用二维的刀具路径设置，应该选择三维的等高外形刀路设置，选择等高外形时，需要把加工边界放大出大于一个刀具半径，往外偏离 5mm。其设置步骤为：执行 |I刀具路径| — |U曲面加工| — |F精加工| — |C等高外形| — |S实体| — |E实体面| Y / |S实体主体N|-选择加工表面（锥度和圆角曲面）—|D执行|—弹出参数设置对话框，其设置如图 12-8 和图 12-9 所示。

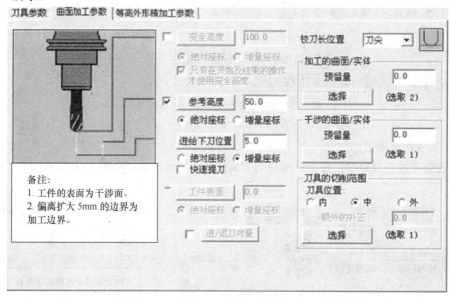

图 12-8　精加工锥度圆角曲面参数设置

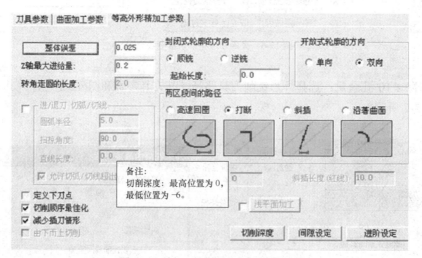

图 12-9　精加工锥度圆角曲面参数设置

6. 工步六：清角

复制上面的等高外形精加工刀具路径，进行参数修改即可。

7. 工步七：倒角

这里只需倒 $\phi 10$ 孔的倒角，其余的地方倒不了，可以用锉刀或刮刀去除毛刺，最终结果如图 12-10 所示。

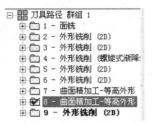
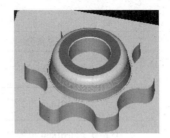

图 12-10　工序二结果图

■ 任务实施二　后置处理

当设置完所有刀具路径，仿真无误后，即可进行程序后置处理，其步骤和上节课讲述的相同，此处不赘述。

■ 任务实施三　实训加工

当完成前面的四个任务后，即可进行零件装夹—坐标设定—传输程序，进行零件加工。注意的是加工过程中一定要记得多测量，最好每个轮廓都进行半精加工后，进行测量确定刀具实际大小，然后进行补偿。加工的最后结果如图 12-11 所示。

底座的反面

底座的正面

装配一

装配二

图 12-11　加工后最终结果图

■ 任务实施四　检测分析

完成表 12-9。

表 12-9　　　　　　　　　　齿轮底座与转台检测分析

工件编号				总得分						
序号	考核项目	考核内容及要求	配分	评分标准	检测结果	自我得分	原因分析	小组检测	小组评分	老师核查
1	齿轮底座尺寸要求	40±0.02（二处）	4	超 0.01mm 扣 2 分						
2		30±0.02（二处）	2	超 0.01mm 扣 2 分						
3		$\phi 32^{\ 0}_{-0.06}$	3	超 0.01mm 扣 2 分						

续表

工件编号				总得分						
序号	考核项目	考核内容及要求	配分	评分标准	检测结果	自我得分	原因分析	小组检测	小组评分	老师核查
4		$20_{-0.04}^{0}$	3	超 0.01mm 扣 2 分						
5		$12_{-0.04}^{0}$	3	超 0.01mm 扣 2 分						
6		$4\times\phi6_{0}^{+0.06}$	4	超 0.01mm 扣 2 分						
7		$\phi32_{0}^{+0.06}$	3	超 0.01mm 扣 2 分						
8		$\phi20_{0}^{+0.06}$	2	超 0.01mm 扣 2 分						
9		$11_{0}^{+0.04}$	3	超 0.01mm 扣 2 分						
10		$5_{-0.05}^{0}$	3	超 0.01mm 扣 2 分						
11	齿轮底座尺寸要求	$5_{-0.04}^{0}$	3	超 0.01mm 扣 2 分						
12		20°	2	不成形不给分						
13		C1 倒角	2	不倒角不给分						
14		M6 螺纹	4	不攻丝不给分						
15	几何位公差	平行度	2	超差 0.01 扣 1 分						
16		垂直度	2	超差 0.01 扣 1 分						
17	粗糙度	$Ra3.2\mu m$	4	每降一级一处扣 2 分						
18		$\phi40\pm0.02$	4	超差 0.01mm 扣 2 分						
19		$\phi32_{-0.06}^{0}$	4	超差 0.01mm 扣 2 分						
20		$4_{0}^{+0.04}$	4	超差 0.01mm 扣 2 分						
21		17 ± 0.03	3	超差 0.01mm 扣 2 分						
22	齿轮转台尺寸要求	$6_{-0.06}^{0}$	4	超差 0.01mm 扣 2 分						
23		$\phi20_{-0.06}^{0}$	2	超差 0.01mm 扣 2 分						
24		$20_{0}^{+0.04}$	4	超差 0.01mm 扣 2 分						
25		$12_{0}^{+0.04}$	4	超差 0.01mm 扣 2 分						
26		20°	2	不成形不给分						
27		R2	2	不成形不给分						
28	几何公差	平行度	2	超差 0.01 扣 1 分						
29		垂直度	2	超差 0.01 扣 1 分						
30	粗糙度	$Ra3.2\mu m$	4	每降一级一处扣 2 分						

续表

工件编号				总得分						
序号	考核项目	考核内容及要求	配分	评分标准	检测结果	自我得分	原因分析	小组检测	小组评分	老师核查
31	装配	配合一	5	不匹配不给分						
32		配合一	5	不匹配不给分						
33	安全、文明生产	不按操作规程、有重大失误或撞刀扣5～20分								
	评分员		检测员			校核员				

任务考核

请对照任务考核表（见表12-10）评价完成任务结果。

表12-10　　　　　　　　　　　　任务考核

课程名称	数控铣工工艺与技能		任务名称	齿轮转台加工	
学生姓名			工作小组		
评分内容		分值	自我评分	小组评分	教师评分	得分
任务质量	独立完成零件图的绘制	10				
	独立完成工艺的分析	5				
	独立完成刀具路径的设置	5				
	独立完成反面对刀	10				
	完成零件的加工	30				
	团结协作	10				
	劳动态度	10				
	安全意识	20				
权重			20%	30%	50%	
总体评价	个人评语：					
	教师评语：					

相关知识

■ 相关知识　配合

1. 根据此零件的特点，需要正反面加工，需要与齿轮底座配合，并需要配做来完成加工。在配合中要了解配合性质，要对配合尺寸进行控制，掌握测量技巧。

2．相关配合定义。

（1）配合可分为间隙配合、过渡配合和过盈配合。

（2）配合公差：指允许间隙或过盈的变动量，它反映配合的紧松程度，是评定配合质量的一个重要的综合指标。

（3）在配合制中，规定了两种配合制度，即是基孔制和基轴制。

3．配合制的选用。

（1）一般情况下，应优先选用基孔制。

（2）与标准件配合时，配合制的选择通常依标准件而定。

（3）为了满足配合的特殊要求，允许采用混合配合。

4．国家标准设置了 20 个公差等级。各级标准公差代号依次为 IT01、IT0、IT1、IT2……IT18，其中 IT01 精度最高，其余依次降底。

5．公差等级的选用：在满足使用要求的条件下，尽量选取低的公差等级。

6．对配合尺寸的处理。

（1）一般情况下，孔的尺寸应做大，轴的尺寸应做小；型腔尺寸应该做大些，台阶应该做小些；凹槽的部位应该做大些，凸台应该做小些。

（2）如果配合许可，在实际加工中可以把拐角处的圆角进行处理，即凹槽的部位的 R7 圆角可做 7.5mm，凸台的部位的 R7 圆角可做 6.5mm，如图 12-12 所示。

在中配合后的局部放大如图 12-13 所示。

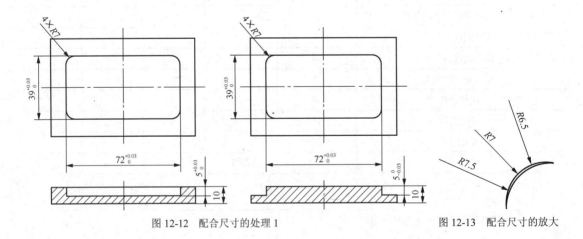

图 12-12　配合尺寸的处理 1　　　　　　　　　　　图 12-13　配合尺寸的放大

知识拓展

■ 知识拓展　加工零件

根据图 12-14 的零件图，分析零件的加工工艺，并对零件实际加工。

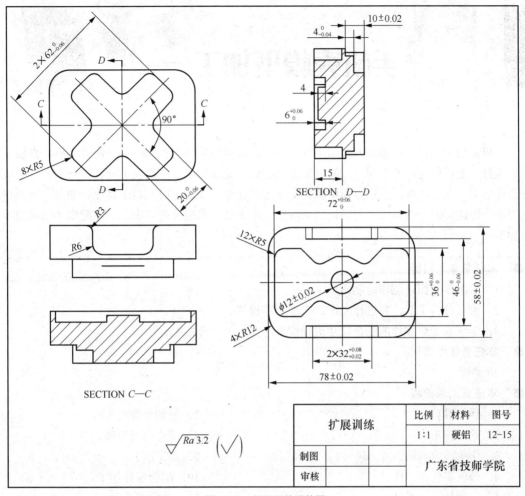

图 12-14　扩展训练零件图

■ 现场整理及设备保养

请对照现场整理及设备保养表（见表 12-11）完成任务。

表 12-11　　　　　　　　　现场整理及设备保养表

1. 打扫实习场地卫生，清理工、量、刀具等进行分类归位
2. 按照机床日常维护保养要求对机床每天保护
3. 按照安全文明生产要求整理实习场地
4. 认真检查关水、关电、关门

任务十三 13 手机壳模型加工一

　　手机是很常见而又很重要的通信工具之一，品版和型号各不相同，其中滑盖手机、直板手机较为流行。手机的造形各不相同，其外型都很精致，流线精美。下面我们就针对一款滑盖手机进行设计加工，在设计时，造形分为手机壳上下盖两部分。在加工时，对于其配合的尺寸要做精度的控制，以达到配合的目的；而手机的上盖侧面出于装夹和配合的考虑，需要配做才能完成零件的加工。

■ **本任务学习目标**

1. 给出零件图，能够绘制图形。

2. 能够分析工艺，并进行二维、三维刀路设置。

3. 能够对配合零件的配合尺寸进行控制，并加工出合格配合件。

■ **本任务建议课时**

36 学时。

■ **本任务工作流程**

1. 课前准备。	7. 后置处理。
2. 绘制图形。	8. 学生练习巩固。
3. 学生练习巩固。	9. 加工准备。
4. 分析零件图。	10. 配合零件加工。
5. 分析加工工艺。	11. 教师评改。
6. 三维刀路设置。	12. 总结。

■ **本任务教学准备**

教师准备：

1. 电脑外还需备有黑板、多媒体。

2. 数控机床。

3. 台虎钳、虎钳扳手、压板、螺栓。

4. 杠杆百分表。

5. 铣刀：$\phi6$、$\phi8$、$\phi10$、$\phi12$、$\phi6R3$、面铣刀$\phi100$。

6. 量具：游标卡尺（0.02）、外径千分尺 0～25、外径千分尺 25～50、内径千分尺 5～30。

7. 毛坯：100×80×30 铝块 2 块。

8. 倒角刀：$\phi8$。

学生配合准备：

1. 草稿本。

2. 笔。

课前导读

请完成表 13-1 中空白处的内容。

表 13-1　　　　　　　　　　　　课前导读

序号	导 读 内 容	示 意 图
	手机壳上盖正面加工	
1	1. 零件毛坯为 102×62×30 的铝块，虎钳装夹，要保证反面没有接刀痕迹，又没有合适的垫块使工件伸出钳口 25mm 以上，请问解决方法是：_____。 2. 选择 ϕ100 的端面铣刀铣平面，其切削用量 S：_____，F：_____。	
2	1. 选择 ϕ12 铣刀加工完外形后，R200 曲面选择_____（ϕ12 平刀或ϕ10R5 球刀）开粗。用 MasterCAM 软件的_____编程。 2. 50×40 槽为了能给精加工留下少点余量，你认为应选择_____直径平刀开粗。	
3	1. SR34 球面开粗能用ϕ8R4 球刀吗？_____。 2. 为了能让手机上盖上表面保持一致的刀痕，整体曲面应该用_____刀路编程，并且要精加工_____次，选择_____刀具加工。 3. 16mm 长度的 SR3 槽在画图时，只画一条直线，然后_____到 R200 曲面上，再选择_____刀路编程，注意_____要关掉。	
4	"自强不息"四个字，是用隶书写出来，用_____刀路编程，其深度通过_____来控制，选择刀路的圆角一定要大过于_____。	
	手机壳上盖反面加工	
5	1. 反面加工时，可以先控制高度到位，然后用_____分中对刀。 2. 装夹时，工件最少要高出钳口_____mm。 3. 选择ϕ12 铣刀去除两个大台阶余量，先去除_____（上或下）台阶余量较好，上台阶选择_____刀路编程、其加工形式选择_____。	
6	1. 加工 R4 圆角选择_____直径球刀加工，用_____刀路编程。其加工余量为_____，行距为_____。 2. 先安排加工 R4 圆角还是先精加工轮廓和台阶？ 答：_____ 3. 用ϕ12 铣刀开完粗后，R3.9 圆角可以用ϕ6 铣刀进一步清角，用_____刀路编程加工，其铣削形式选择_____。 4. 为了能配合良好，52 尺寸的公差应控制在_____。 5. 右边下图操作的目的是_____。	
7	1. 侧面加工时，为了保证上盖的孔和下盖的槽能配合，对刀时应以_____为基准对刀。 2. 为了保证孔能插销，先用_____的钻头_____，然后用_____铣刀或铰刀铰孔。	

情景描述

　　上课前，老师来到教室，手上拿着一部滑盖的手机模型，并在滑动手机模型的滑盖。有位同学看到模型跟真的一样就说："好漂亮的手机，老师能不能送我一部啊？"你猜老师怎么回答同学的呢？不妨看看下面的内容就知道答案了。

任务实施

训练一　手机上盖工艺安排与加工

　　根据图 13-1 所示的零件图完成以下任务。

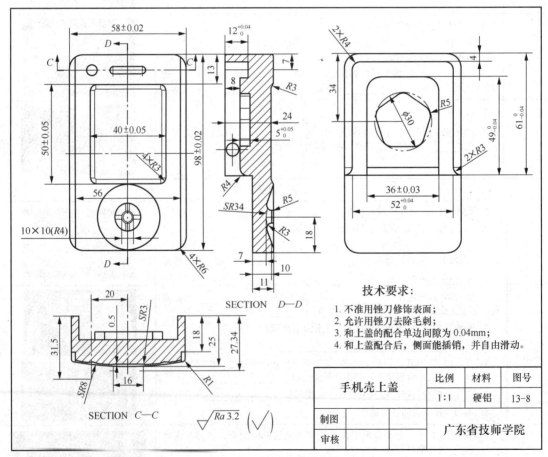

技术要求：

1. 不准用锉刀修饰表面；
2. 允许用锉刀去除毛刺；
3. 和上盖的配合单边间隙为 0.04mm；
4. 和上盖配合后，侧面能插销，并自由滑动。

手机壳上盖	比例	材料	图号
	1:1	硬铝	13-8
制图			
审核		广东省技师学院	

图 13-1　手机壳上盖零件图

■ 任务实施一　手机壳上盖零件图工艺分析

1．工艺分析

此件是多面加工且曲面较多，还要和上盖配合，所以在加工的时候必须仔细考虑工步安排。特别是侧面的孔加工，必须要保证和上盖的侧槽同心，才能保证可以插销滑动。

2．工序划分

根据工序划分原则及此零件的加工内容，确定按工件装夹次数来划分工序。

3．工序安排

工序一：加工正面及外形（正面有个夹位台阶，方便方面的装夹）。

工序二：加工反面内容，并保证加工高度。

工序三：和下盖配合，钻左侧面孔。

工序四：和下盖配合，钻右侧面孔。

4．刀具选择

刀具选择如图 13-2 所示。

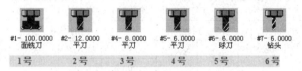

图 13-2　一次性创建所有使用刀具

5．装夹方案

用虎钳装夹，注意垫铁高度，使工件在加工时不会铣到虎钳，工件伸出 25.5mm 以上高度。

6．制作工艺卡片（见表 13-2、表 13-3）。

工序一：手机壳上盖正面。

表 13-2　　　　　　　　　　手机壳上盖正面工艺卡片

装夹方式	用虎钳装夹，注意垫铁高度，使工件在加工时不会铣到虎钳，工件伸出 25.5mm 以上高度。							
加工原点	X、Y 原点在 X、Y 方向的中间、顶面为 Z 轴零点。							
工步号	刀路选择	图形选择	刀具		切削用量				加工内容
			刀号	行距	F mm/min	S(rpm) r/min	a_p	余量	
1	平面铣削	加工边界 1	1	60	300	1500	0.2		平面加工
2	曲面挖槽	加工边界 1	2	5	1000	800	0.2	0.3	曲面开粗
3	外形加工	加工边界 1	2		500	800	5	0.3	外形粗加工
4	外形加工	加工边界 5	2		500	800	2	0	左右两台阶粗加工
5	外形加工	加工边界 1	2		200	1000	到底	0	外形精加工
6	外形加工	加工边界 5	2		200	1000	到底	0	左右两台阶精加工
7	曲面挖槽	加工边界 4	5	0.5	600	4000		0.2	边界四内曲面粗加工
8	平行精加工	加工边界 1	5	0.5	1000	4000		0.1	整体曲面半精加工
9	平行精加工	加工边界 1	5	0.2	800	4000		0	整体曲面精加工
10	外形加工	加工边界 6	5		200	4000		0.5	$SR3$ 曲面槽加工
11	钻孔	点（-20，42）	5		100	4000		0.5	信号槽加工
12	投影加工	自行设计字	5		100	4000		-0.1	根据自己喜欢雕刻

续表

实体图	软件仿真图
	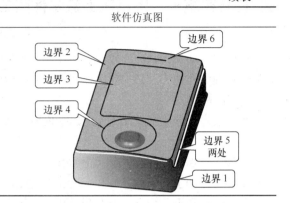

工序二：手机壳上盖反面。

表 13-3　　　　　　　　　　　手机壳上盖反面工艺卡片

装夹方式	用虎钳装夹，注意选择垫铁高度要和固定钳口差不多平齐，夹住两个夹口。							
加工原点	X、Y 原点在 X、Y 方向的中间、顶面为 Z 轴零点。							

工步号	刀路选择	图形选择	刀具		切削用量				加工内容
			刀号	行距	F mm/min	S r/min	a_p	余量	
1	平面铣削	加工边界 1	1	60	300	1500	0.5		平面加工，到高度
2	一般挖槽	加工边界 2	2	9	800	800	1	0.3	14mm 深台阶余量去除
3	开放式挖槽	边界 3	2	9	800	800	1	0.3	8mm 深台阶余量去除
4	一般挖槽	边界 6	2	6	600	800	0.5	0.3	五边形槽粗加工
5	外形加工	边 7	2		200	1000	到底	−0.04	14mm 台阶精加工
6	外形加工	边界 3	4		300	1500	0.5	0.3	$R3.9$ 圆角去除残料
7	外形加工	边界 4、5	4		400	1500	0.5	0.3	8～12mm 槽粗加工
8	流线精加工	$R3$ 圆角曲面	5	0.2	800	4000		−0.02	$R3$ 圆角曲面精加工
9	外形加工	边界 6	4		300	1500	1	0.2	五边形槽半精加工
10	外形加工	边界 6	4		200	1500		−0.02	五边形槽精加工
11	外形加工	边界 4、5	4		200	1500	6	−0.02	8～12mm 槽精加工
软件仿真图					实体图				
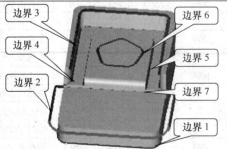									

■ 任务实施二 加工中心的刀库使用

加工中心刀库使用操作步骤见表 13-4，请完成空白处的内容。

表 13-4 加工中心刀库使用操作步骤相关任务

步骤	内容	示意图
基准刀（1 号刀）的操作		
第一步	用基准刀加工工件的上表面作为基准面，同时也作为 Z 轴的零表面，把此时的位置输入到 G54 坐标系内	
第二步	把校准的 Z 轴对刀仪放到工件上表面	
第三步	因为采用 Z 轴对刀仪对刀长，而 Z 轴对刀仪的标准高度为 50mm，所以把基准刀抬高 50 后再_____	X 589.271 Y 28.175 Z 0.000
换 2 号刀（或其他刀具的对刀步骤）		
第四步	在 MDI 下输入 M6T2 指令换上 2 号刀，移动主轴压 Z 轴对刀仪到_____	
第五步	在_____界面观看其相对坐标的数值,并把 Z 轴的_____输入到_____偿寄存器里	
第六步	在使用时程序里必须带有补偿指令（G43/G44、H（数字）），请观察右边的程序，换几号刀具就进行对应的几号长度补偿	% O0001 N100 N102G0G17G40G49G80G90 N104 T2M6 N106G0G90G54X-15.2Y-11.S159 N108 G43H2Z100. N110Z10. N112G1Z-6.F3

任务考核

请对照任务考核表（见表 13-5）评价完成任务结果。

表 13-5 任务考核

课程名称	数控铣工工艺与技能		任务名称	手机壳模型零件加工一		
学生姓名			工作小组			
评分内容		分值	自我评分	小组评分	教师评分	得分
任务质量	独立完成零件图的绘制	10				
	独立完成工艺的分析	5				
	独立完成刀具路径的设置	5				
	独立完成反面对刀	10				
	完成零件的加工	30				
团结协作		10				
劳动态度		10				
安全意识		20				
权 重			20%	30%	50%	
总体评价	个人评语：					
	教师评语：					

相关知识

■ 相关知识一 三维刀路讲解一

根据图 13-3 所示的零件图完成相应的刀路设置。

一、挖槽粗加工的应用

1. 曲面挖槽粗加工的应用场合

适用于具有三维曲面的曲面粗加工及须去除大量余量的整体粗加工（此加工路径是在三维粗加工中应用最多的场合，基本上的曲面开粗都可以用）。

2. 操作步骤

（1）设置加工边界：曲面挖槽粗加工必须选择加工边界，为了保证加工路径最少的原则，有时须手动做辅助线为加工边界，如图 13-4 所示。

（2）单击主功能表的 **I 刀具路径**-**II 曲面加工**-**R 粗加工**-**K 挖槽粗加工**，选择加工面（若为曲面则选择所有曲面；若为实体，则选择主体加工）。执行后弹出加工参数设置对话框，设置参数如图 13-5、图 13-6 所示。

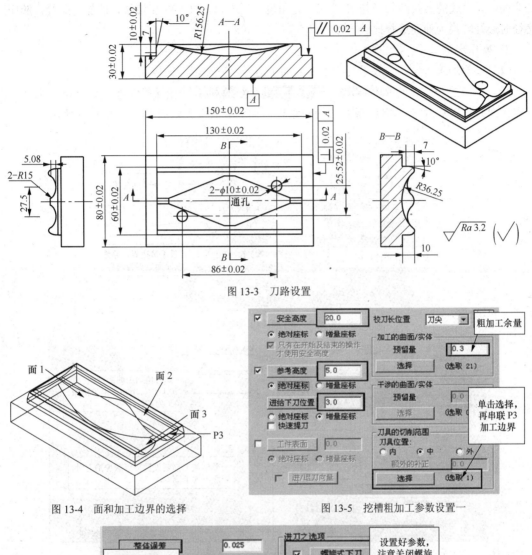

图 13-3　刀路设置

图 13-4　面和加工边界的选择　　　　图 13-5　挖槽粗加工参数设置一

图 13-6　挖槽粗加工参数设置二

二、平行精加工的应用

1. 平行精加工的应用场合

此加工路径应用的范围较大，基本上任何曲面都可以精加工，但更适合于开放式的不深的复杂曲面，其生成的刀具路径是与 X 轴成一定角度（用户自定义）的互相平行的加工路径。应用此路径时最好转换为曲面选择比较方便。

2．操作步骤

（1）设置加工边界：一般平行加工需要加工边界，方便范围的控制。

（2）单击主功能表的 **I 刀具路径**—**U 曲面加工**—**F 精加工**—**P 平行铣削**，选择加工面（曲面或实体面）。按执行后弹出加工参数设置对话框，加工参数设置如图 13-7、图 13-8 所示。

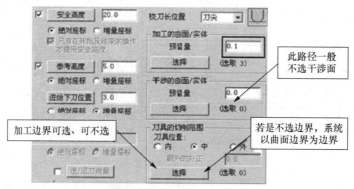

图 13-7　平行精加工参数设置一

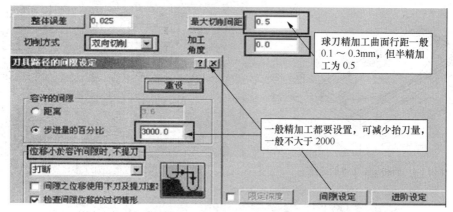

图 13-8　平行精加工参数设置二

■ 相关知识二　三维刀路讲解二

根据图 13-8 所示的零件图完成相应的刀路设置。

一、等高精加工的应用

1．应用场合

适合于斜面的加工、斜面越陡越适合（见图 13-9 所示的锥台）。

2．操作步骤

（1）设置边界（一般情况都需要，有时也可以不需要）。

（2）单击主功能表的 **I 刀具路径**—**U 曲面加工**—**F 精加工**—**C 等高外形**，选择加工面（若有边界，则选择所有加工面或实体主体；没加工边界则直接选择需要加工的面或实体面），执行后，弹出参数设置对话框。

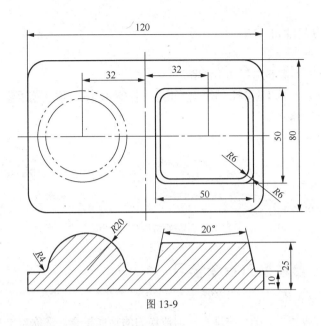

图 13-9

（3）设置加工参数如图 13-10、图 13-11 所示。

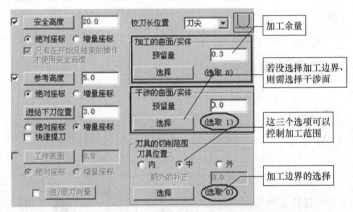

图 13-10　等高精加工参数设置一

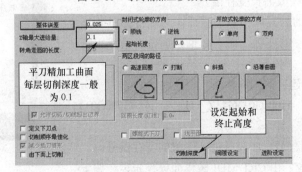

图 13-11　等高精加工参数设置二

二、流线精加工的应用

1．应用场合

角度小于 45°的锥度斜面、倒圆角曲面，球面（如图 13-9 的 R20 圆球及倒圆角）、有规则排列的展开曲面、单一展开曲面等。

2．操作步骤

（1）一般流线加工不需要选择加工边界。

（2）单击主功能表的 **T 刀具路径**——**U 曲面加工**——**F 精加工**——**F 流线加工**，选择加工面（曲面或实体面），执行弹出对话框。

（3）设置参数如图 13-12 所示。

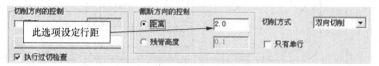

图 13-12　流线精加工参数设置

■ 相关知识三　自动换刀指令学习

1．M6：刀具交换指令。

2．T 功能：刀具功能，是指系统进行选刀或换刀的功能指令，又称为 T 机能。刀具功能用地址 T 及后缀的数字来表示，常用刀具功能指定方法有 T4 位数法和 T2 位数法。目前大多数的数控车采用 T4 位数法，绝大多数的加工中心采用 T2 位数法。

3．指刀格式：刀具功能须配合 M06 才能起作用，例如，若想换 2 号刀编程为 M6 T2。

■ 相关知识四　刀具长度补偿

1．定义

刀具长度补偿指令是用来补偿假定的刀具长度与实际的刀具长度之间差值的指令。刀具的长度补偿示意图如图 13-13 所示。

2．指令格式

G43　H＿＿＿＿　　（刀具长度正补偿）

G44　H＿＿＿＿　　（刀具长度负补偿）

G49 或 H00　　（取消长度补偿）

当使用不同规格的刀具或刀具磨损后，可通过刀具长度补偿指令补偿刀具尺寸的变化，而不必重新调整刀具或重新对刀。

3．刀具长度补偿建立的编程格式

（1）编程格式：G00(G01)G43Z＿H＿＿；或 G00(G01)G44Z＿H＿＿。

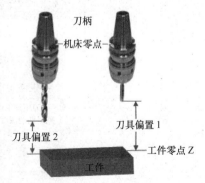

图 13-13　刀具的长度补偿示意图

其中：Z＿值为编程值，H 为长度补偿值的寄存器号码。偏置量与偏置号相对应，由 CRT/MDI 操作面板预先设在偏置存储器中。

（2）使用 G43、G44 指令时，无论用绝对尺寸还是用增量尺寸编程，程序中指定的 Z 轴移动的终点坐标值，都要与 H（或 D）所指定寄存器中的偏移量进行运算，G43 时相加，G44 时相减，然后把运算结果作为终点坐标值进行加工。G43、G44 均为模态代码。

执行 G43 时：Z 实际值＝Z 指令值＋（H××）

执行 G44 时：Z 实际值＝Z 指令值－（H××）

式中：H××是指编号为××寄存器中的刀具长度补偿量。

（3）刀具长度补偿取消的编程格式：G00（G01）G49 Z_或 G00（G01）G43/G44Z_H00。

4．注意事项

（1）刀具长度补偿的建立只有在移动指令下才能生效。

（2）有些数控系统，如 FAGOR 8055M，采用 G43 激活刀具长度补偿（加/减运算取决于寄存器中偏置量的正、负）；G44 取消刀具长度补偿。

知识拓展

■ 知识拓展　仿真加工

根据图 13-14 所示的零件图，分析零件的加工工艺，并对零件仿真加工。

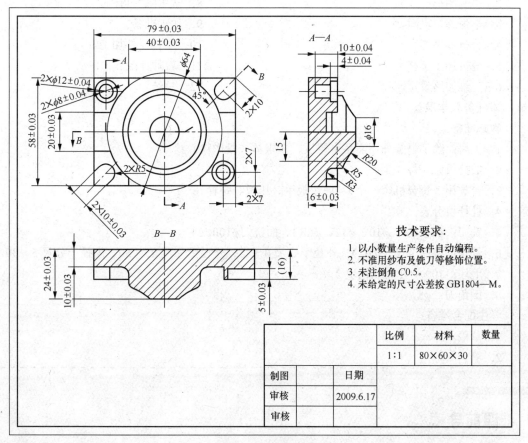

图 13-14　拓展零件图

手机壳模型加工二

■ **本任务学习目标**

1. 给出零件图，能够绘制图形。

2. 能够分析工艺，并进行二维、三维刀路设置。

3. 能够对配合零件的配合尺寸进行控制，并加工出合格配合件。

■ **本任务建议课时**

36 学时。

■ **本任务工作流程**

1. 课前准备。

2. 绘制图形。

3. 学生练习巩固。

4. 分析零件图。

5. 分析加工工艺。

6. 三维刀路设置。

7. 后置处理。

8. 学生练习巩固。

9. 加工准备。

10. 配合零件加工。

11. 教师评改。

12. 总结。

■ **本任务教学准备**

教师准备：

1. 机房：除了电脑外还需备有黑板、多媒体（投影仪）。

2. 数控机床（每 3 个人一台）。

3. 台虎钳（每台机床一个）、虎钳扳手、压板、螺栓。

4. 杠杆百分表。

5. 铣刀：$\phi 6$、$\phi 8$、$\phi 10$、$\phi 12$、$\phi 6R3$、面铣刀 $\phi 100$。

6. 量具：游标卡尺（0.02）、外径千分尺 0～25、外径千分尺 25～50、内径千分尺 5～30。

7. 毛坯：100×80×30 铝块 2 块。

8. 倒角刀：$\phi 8$。

学生配合准备：

1. 草稿本。

2. 笔。

课前导读

请完成表 14-1 中的空白内容。

课前导读

表 14-1 课前导读

序号	导读内容	示意图
	手机壳下盖加工	
1	1. 加工中间心槽和外形选择_____直径平底铣刀，粗加工时其切削用量 V_c：_____、每齿进给量（　）：_____、切削深度（　）：_____ 2. 加工时有顺铣、逆铣之分，在粗加工心槽时应选择_____，精加工外形时应选择_____ 3. 精加工一般有底面和轮廓面，一般应先精加工_____、后精加工_____	
2	1. 精加工倒圆角应选择_____直径的_____铣刀 2. 精加工倒圆角，用 MasterCAM 软件编程，应选择_____刀具路径精加工。其参数设置 　进给速度 F：_____，转速 S：_____，行距_____	
3	1. 加工反面时，用虎钳装夹，其最好夹住_____ mm 才不会铣到虎钳，又夹得最稳 2. 为了保证工件的平行度，一般应用百分表进行_____，用_____量具测量厚度，并要测量交叉的_____个角，得出两面的平行度进行调整	
4	1. 粗加工左边的台阶用 MasterCAM 软件编程，选择_____刀具路径，选择ϕ12 平底铣刀。精加工底面时选择_____刀路 2. 中间 $R40$ 圆弧槽粗加工选择_____直径刀具开粗，其切削深度 a_p：_____，F：_____ 3. 粗加工 52×57 尺寸台阶时选择ϕ8 刀具较好，但为了保证和下盖的配合，精加工必须选择_____直径平底铣刀，而且其偏差要偏向_____（上极限偏差或下极限偏差）	
5	1. $R40$ 圆弧槽为了提高表面质量，必须选择ϕ8R4 球刀进行_____，然后选择_____进行精加工，选择_____刀路精加工，行距在_____范围内能保证表面光洁度 2. "我相信"这几个字是用球刀刻在 R40 圆弧槽上，该选择_____刀路进行雕刻 3. 键盘槽是用_____刀具加工，画图时只需要画出_____线框，并选择_____刀路加工，其中注意_____要关掉	
	配合件检测	
6	1. 加工右图所示侧面时，Y 轴原点定在贴近_____钳口，X 轴定在_____端面（左或右） 2. 加工中间侧面槽时选择ϕ6 铣刀，外形加工，注意其半径补偿要_____，外形铣削形式选择_____，其 a_p 为：_____，F_____，S_____ 3. 加工完后，可以不用量具测量，而是用公差在 0～0.02 的_____检查	
7	1. 加工手机壳上盖用虎钳装夹，其钳口高度为 46mm，毛坯的尺寸为102×62×30，若要保证外形没有接刀痕迹，应选择_____ mm 高的等高垫铁，工件伸出钳口_____ mm 2. 加工手机壳上盖需要装夹_____次。先加工_____面。为什么？ 答：_____ 3. 为了能保证上表面的表面质量，应选择_____铣刀，其直径至少_____ mm	

上课前，老师来到教室，手上拿着一部滑盖的手机模型，并在滑动手机模型。有位同学看到模型跟真的一样就说："好漂亮的手机啊，老师能不能送我一部啊？"你猜老师怎么回答同学的呢？不妨看看下面的内容就知道答案了。

任务实施

训练一　手机主体工艺安排与加工

根据图 14-1 的零件图完成以下任务。

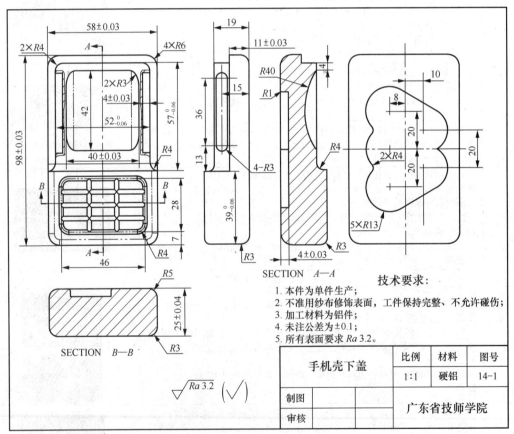

图 14-1　手机壳主体零件图

1. 工艺分析

由于本件的用途是用于实习加工，单件生产，有多面加工，所以适合工序集中安排加工。

2．工序划分

根据工序划分原则，及本零件须多次装夹加工，所以按工件装夹次数来划分工序。

3．工序安排

工序一：加工反面作为基准，外形加工到位（心槽）。

工序二：加工正面，加工高度到位。

工序三：加工左边侧面槽。

工序四：加工右边侧面槽。

4．刀具选择（见图 14-2）

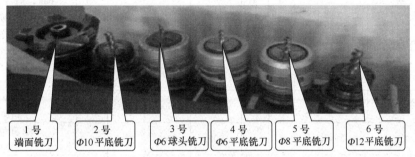

| 1 号
端面铣刀 | 2 号
Φ10 平底铣刀 | 3 号
Φ6 球头铣刀 | 4 号
Φ6 平底铣刀 | 5 号
Φ8 平底铣刀 | 6 号
Φ12 平底铣刀 |

图 14-2 一次性创建所有使用刀具

5．装夹方案

用虎钳装夹，注意垫铁高度，使工件在加工时不会铣到虎钳，工件伸出 25.5mm 以上高度。

6．制作工艺卡片（见表 14-2、表 14-3 和表 14-4）

工序一：手机壳下盖反面。

表 14-2　　　　　　　　　　　　　　手机壳下盖反面工艺卡片

装夹方式	用虎钳装夹，注意垫铁高度，使工件在加工时不会铣到虎钳，工件伸出 25.5mm 以上高度。								
加工原点	X、Y 原点在 X、Y 方向的中间，顶面为 Z 轴零点。								
工步号	刀路选择	图形选择	刀具		切削用量				加工内容
			刀号	行距	F mm/min	S(rpm) r/min	a_p	余量	
1	平面铣削	加工边界 1	1	60	300	1500	0.2		平面加工
2	一般挖槽	加工边界 2	6	9	800	800	1	0.3	心槽粗加工
3	外形加工	加工边界 1	6		500	800	5	0.3	外形粗加工
4	外形加工	加工边界 2	2		200	1000	0		心槽精加工
5	外形加工	加工边界 1	2		200	1000	0		外形精加工
6	流线精加工	$R1$ 圆角曲面	3	0.2	800	3000	0		$R1$ 圆角曲面精加工
7	流线精加工	$R3$ 圆角曲面	3	0.2	800	4000	0		$R3$ 圆角曲面精加工

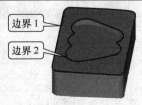

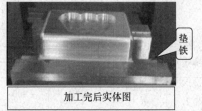

加工完后实体图

工序二：手机壳下盖正面。

表 14-3 　　　　　　　　　　手机壳下盖正面工艺卡片

装夹方式	用虎钳装夹，注意选择垫铁高度，使刀具在加工时不会铣到虎钳，工件伸出虎钳高度为 15mm 以上，注意夹住工件的高度，预防工件夹不稳飞出。							
加工原点	X、Y 原点在 X、Y 方向的中间，顶面为 Z 轴零点。							

工步号	刀路选择	图形选择	刀具		切削用量				加工内容
			刀号	行距	F mm/min	S(rpm) r/min	切深	余量	
1	平面铣削	加工边界 1	1	60	300	1500	0.5		平面加工，到高度
2	曲面挖槽粗加工	加工边界 2	6	9	800	800	1	0.3	6mm 深台阶余量去除
3	外形加工	边界 4	5		600	1100	1	0.3	14mm 深台阶余量去除
4	曲面挖槽粗加工	边界 5	5	6	800	1000	0.5	0.3	R40 圆弧槽 粗加工
5	一般挖槽	边界 3	5	5	200	1000	到底	0	6mm 台阶 精加工
6	外形加工	边界 4	4		150	1500	到底	0	14mm 台阶 精加工
7	外形加工	R3 圆角曲面	3		200	4000	到底	0	R3 圆角曲面 精加工
8	流线精加工	R3 圆角曲面	3	0.2	800	4000			R3 圆角曲面 精加工（外形处）
9	流线精加工	R40 曲面	3	0.2	600	4000			R40 圆弧槽曲面 精加工
10	外形加工	边界 6	3		100	4000	0.1		键盘加工 （深 0.1）

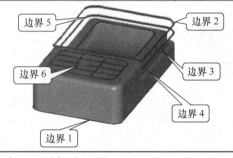

加工完后实体图（另加球刀雕刻）

工序三：手机壳侧面。

表 14-4 　　　　　　　　　　手机壳下盖反面工艺卡片

装夹方式	用虎钳装夹。注意：两个夹面用纸垫住，预防夹伤已加工表面。							
加工原点	X 轴、Y 轴原点在工件的左上角点，顶面为 Z 轴零点，右图是偏心分中棒进行对刀。							

工步号	刀路选择	图形选择	刀具		切削用量				加工内容
			刀号	行距	F mm/min	S(rpm) r/min	u_p	余量	
1	外形加工	加工边界 1	3		200	1500	0.1	−0.02	6mm 槽加工，注意：螺旋铣削方式下刀

续表

工步号	刀路选择	图形选择	刀具		切削用量				加工内容
			刀号	行距	F	S(rpm)	a_p	余量	
					mm/min	r/min			

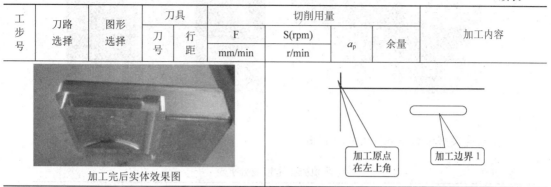

加工完后实体效果图

训练二　手机上盖侧面配合加工与装配

■ 任务实施一　手机壳上盖侧面加工

手机壳上盖侧面加工工艺卡片如表 14-5 所示。

表 14-5　　　　　　　手机壳上盖侧面工艺卡片

装夹方式	用虎钳装夹，注意：两个工件要配合起来装夹，注意其位置要保持对齐。两个夹面用纸垫住，预防夹伤已加工表面。								
加工原点	X 轴、Y 轴原点在上盖的左上角点，顶面为 Z 轴零点。因为要保证与上盖同心，所以要以上盖为基准对刀。								

工步号	刀路选择	图形选择	刀具		切削用量				加工内容
			刀号	行距	F	S(rpm)	a_p	余量	
					mm/min	r/min			
1	钻孔	孔中心	5		30	3000	1		打中心钻
	钻孔	孔中心	6		50	800	8		钻Φ孔

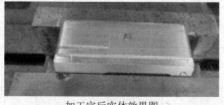

加工完后实体效果图

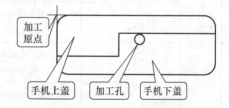

■ 任务实施二　手机壳上下盖装配

1. 加工完后滑盖配合实体图（见图 14-3、图 14-4 和图 14-5）

图 14-3　配合一

图 14-4　配合二

图 14-5　配合检查

2．手机壳模型检测分析表（见表 14-6）

表 14-6　　　　　　　　　　　　　手机壳模型检测分析表

工件编号					总得分					
序号	项目	技术要求	配分	评分标准	检测结果	自我得分	原因分析	小组检测	小组评分	教师核查
1	手机壳上盖尺寸要求	98 ± 0.02	3	超 0.01mm 扣 1 分						
2		58 ± 0.02	3	超 0.01mm 扣 1 分						
3		50 ± 0.05	2	超 0.01mm 扣 1 分						
4		40 ± 0.05	2	超 0.01mm 扣 1 分						
5		$12^{+0.04}_{0}$	3	超 0.01mm 扣 1 分						
6		$5^{+0.05}_{0}$	3	超 0.01mm 扣 1 分						
7		$61^{0}_{-0.04}$	3	超 0.01mm 扣 1 分						
8		$49^{0}_{-0.04}$	3	超 0.01mm 扣 1 分						
9		36 ± 0.03	3	超 0.01mm 扣 1 分						
10		$52^{+0.04}_{0}$	3	超 0.01mm 扣 1 分						
11		$SR34$	1	不成形不给分						
12		$R4$	1	不成形不给分						
13		$R3$（两处）	2	不成形不给分						
14		$R0.5$	1	不成形不给分						
15		$SR8$	1	不成形不给分						
16		$SR3$	1	不成形不给分						

续表

序号	项目	技术要求	配分	评分标准	检测结果	自我得分	原因分析	小组检测	小组评分	教师核查
17	手机壳上盖尺寸要求	$R200$	1	不成形不给分						
18		$R1$	1	不成形不给分						
19	形位公差	平行度	2	超差 0.01 扣 1 分						
20		垂直度	2	超差 0.01 扣 1 分						
21	粗糙度	$Ra3.2\mu m$	4	每降一级一处 扣 1 分						
22		98 ± 0.03	4	超 0.01mm 扣 1 分						
23		58 ± 0.03	4	超 0.01mm 扣 1 分						
24		$57_{-0.06}^{0}$	4	超 0.01mm 扣 1 分						
25		4 ± 0.03	2	超 0.01mm 扣 1 分						
26		$52_{-0.06}^{0}$	4	超 0.01mm 扣 1 分						
27	手机壳下盖尺寸要求	40 ± 0.03	2	超 0.01mm 扣 1 分						
28		11 ± 0.03	4	超 0.01mm 扣 1 分						
29		$39_{-0.06}^{0}$	4	超 0.01mm 扣 1 分						
30		4 ± 0.03	2	超 0.01mm 扣 1 分						
31		25 ± 0.04	4	超 0.01mm 扣 1 分						
32		$R3$（两处）	2	不成形不给分						
33		$R4$	1	不成形不给分						
34		$R5$	1	不成形不给分						
35		$R40$	1	不成形不给分						
36	几何公差	平行度	2	超差 0.01 扣 1 分						
37		垂直度	2	超差 0.01 扣 1 分						

续表

序号	项目	技术要求	配分	评分标准	检测结果	自我得分	原因分析	小组检测	小组评分	教师核查
38	粗糙度	$Ra3.2\mu m$	4	每降一级一处扣2分						
39	装配	配合	8	能插销并自由滑动，不匹配不给分						
40	安全、文明生产			不按操作规程、有重大失误或撞刀扣5～20分						
41	评分员			检测员			校核员			

任务考核

请对照任务考核表（见表14-7）评价完成任务结果。

表 14-7　　　　　　　　　　任务考核

课程名称		数控铣工工艺与技能		任务名称		手机壳模型零件加工二	
学生姓名				工作小组			
评分内容			分值	自我评分	小组评分	教师评分	得分
任务质量	独立完成零件图的绘制		10				
	独立完成工艺的分析		5				
	独立完成刀具路径的设置		5				
	独立完成反面对刀		10				
	完成零件的加工		30				
	团结协作		10				
	劳动态度		10				
	安全意识		20				
权　重				20%	30%	50%	
总体评价	个人评语：						
	教师评语：						

知识拓展

■ 知识拓展　零件加工

根据图 14-6 所示的零件图，分析加工工艺，完成零件加工。

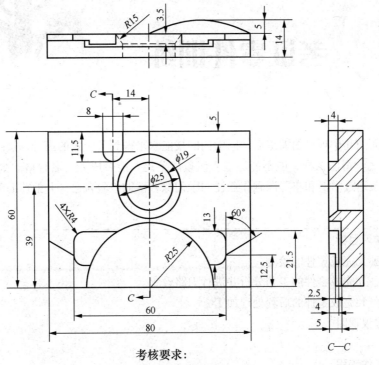

考核要求:

1. 以小批量生产条件编程。
2. 不准用纱布及锉刀等修饰表面。

图 14-6　拓展训练零件图

任务十五 15 考证零件训练

经过了前面的几个项目的训练后，同学们的技能水平得到了一定的提升，接下来的任务就是要检验大家到底学得怎么样？能不能通过省级技能鉴定？能否成为一名合格的数铣/加工中心中级操作工？本节通过举例和布置课题作业让同学们综合性地检验自己，并把前面学过的知识进行综合应用。

■ **本任务学习目标**

1. 能够独立完成零件的绘制。

2. 能够独立完成零件的工艺分析并进行刀路设置。

3. 能够单独完成零件的后置处理加工。

■ **本任务建议课时**

12 学时。

■ **本任务工作流程**

1. 课前准备。   2. 零件绘制讲解。

3. 学生练习巩固。   4. 老师和学生共同分析图纸。

5. 共同制定加工工艺。   6. 零件加工路径设置。

7. 学生进行练习巩固。   8. 学生单独后置处理。

9. 学生独立完成零件加工。   10. 教师巡回指导。

11. 教师对学生完成的零件检测评改。   12. 总结。

■ **本任务教学准备**

教师准备：

1. 电脑外还需备有黑板、多媒体。   2. 数控机床。

3. 台虎钳、虎钳扳手、压板。   4. 杠杆百分表。

5. 铣刀：$\phi6$、$\phi8$、$\phi10$、$\phi12$、$\phi16$、$\phi6R3$。

6. 量具：游标卡尺（0.02）、外径千分尺 0～25、外径千分尺 25～50、内径千分尺 5～30。

7. 毛坯：100×80×30 铝块。

8. 钻头：$\phi7$，倒角刀：$\phi8$，中心钻。

9. R3、R2、R5 圆弧规。

学生配合准备：

1. 草稿本。

2. 笔。

课前导读

请完成表 15-1 中的内容。

表 15-1　　　　　　　　　　　　　　　　课前导读

1. 绘图的原点是否需要和工件的加工原点一致？	□是　　　　□否
2.  ⬡⬡⬡⬡⬡ 和  ⬡⬡⬡⬡⬡ 有什么区别？	答：
3. 切弧功能中的 **1切一物体** 和 **P经过一点** 有什么区别？	答：
4. 修剪/延伸功能中的 **3三个物体** 和 **D分割物体** 有什么区别，点击的顺序分别是怎样的？	答：
5. 构建实体的方法有多少种？分别是什么？	答：
6. 构建曲面的方法有多少种？分别是什么？	答：
7. 在实体倒圆角时，若是相连的相切线框，在选择边倒角时是否需要全部点击选择？	□是　　　　□否
8. 在实体功能的曲面修剪实体时，箭头方向是指向什么方向的？	□保留面　　□去除面
9. 拾取曲面/实体边界的方法有几种？分别是什么？	答：
10. 对于下图中间的曲面，该用什么刀具路径进行粗加工？该用什么刀具路径进行精加工？ 	答：

情景描述

虽然前面同学们已经完成了齿轮转台和手机壳的制作，但对于 MasterCAM 9.1 这个软件还有很多的功能尚未熟悉。现在通过考证零件的训练和布置的作业来基本熟悉这个软件的功能和应用，以达到中级的技能水平，可以接受技能鉴定。

任务实施

根据图 15-1 所示的零件图完成以下任务。

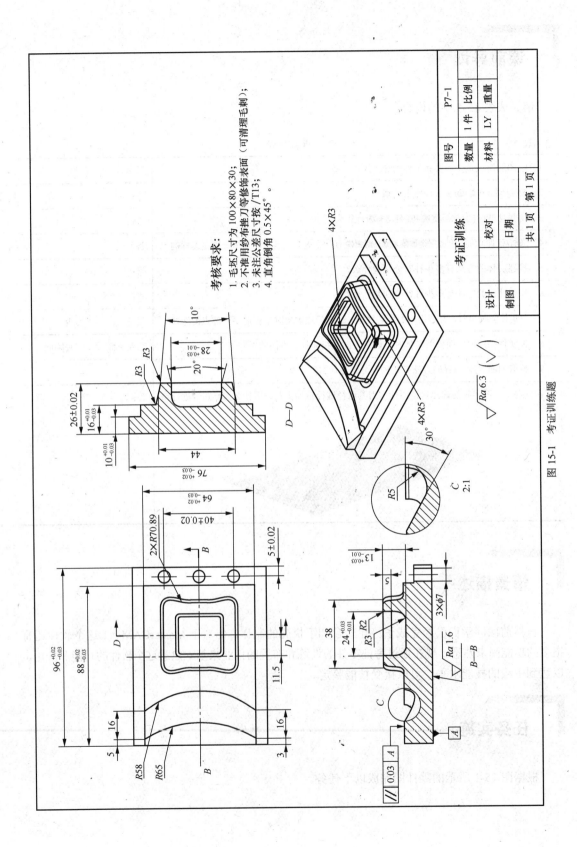

考核要求：
1. 毛坯尺寸为100×80×30；
2. 不准用纱布推刀等修饰表面（可清理毛刺）；
3. 未注公差尺寸按/T13；
4. 直角倒角0.5×45°。

$\sqrt{Ra\,6.3}\ (\sqrt{\ \ })$

图15-1 考证训练题

考证训练			图号	P7-1	比例	
			数量	1件	重量	
	校对		材料	LY		
设计		日期				
制图		共1页	第1页			

■ 任务实施一 完成零件图的绘制

请完成填写表 15-2 空白处的内容。

表 15-2   液压千斤顶相关任务

绘 图 结 果	绘 图 步 骤
	1. 设置构图深度： 2. 绘制矩形： 3. 拉伸实体：
	1. 设置构图深度： 2. 绘制矩形： 3. 拉伸实体：
	1. 设置构图深度： 2. 绘制矩形： 3. 绘制圆弧：
	1. 尖角处理： 2. 拉伸实体：
	1. 倒 *R*5 圆角： 2. 倒两处 *R*3 圆角：

绘 图 结 果	绘 图 步 骤
	1. 设置构图深度： 2. 绘制矩形： 3. 拉伸实体：
	1. 设置构图深度： 2. 绘制矩形： 3. 拉伸实体：
	1. 倒 *R*5 圆角： 2. 倒底部 *R*3 圆角： 3. 倒上面 *R*2 圆角：
	1. 设置构图深度： 2. 绘制 *R*65 圆弧： 3. 绘制 *R*58 圆弧： 4. 设置构图面和深度： 5. 绘制 30 度线： 6. 绘制 *R*5 圆弧垂直切线： 7. 绘制 *R*5 圆弧：

续表

绘图结果	绘图步骤
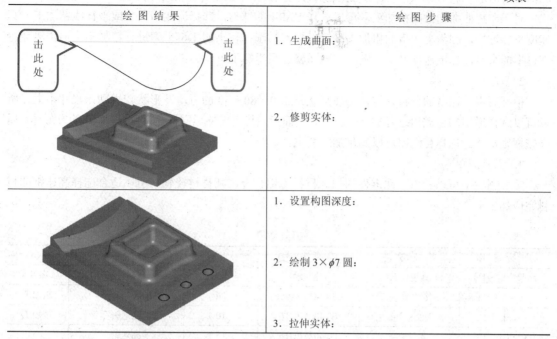	1. 生成曲面：
	2. 修剪实体：
	1. 设置构图深度：
	2. 绘制 $3\times\phi7$ 圆：
	3. 拉伸实体：

■ 任务实施二　对零件进行工艺分析

1. 加工工艺分析

此零件的加工轮廓不多，但形状相对较复杂，而且是两面加工。训练过前面几个项目后，底面的平面、外形、孔加工对于同学们来说是不难的，较难的主要是正面的曲面加工。

正面中主要有两层的加工，上面一层是曲面凸台的加工，粗加工可以用曲面挖槽粗加工一起整体开粗。在这个刀路中，最好把中间的刀具路径剪辑掉，重新设置一个曲面挖槽粗加工进行加工，因为对于凸台加工来说，排屑容易，所以切削用量可以提高点，增加效率。对于中间的曲面槽来说，速度如果和加工凸台一样的话，首先是排屑较难排，过多的切屑会影响刀具，造成刀具的损伤；再者过快的加工速度加上切屑的阻碍，会导致刀具弹刀，从而可能使工件发生过切现象，导致工件报废；再者中间的曲面深度和外面凸台的深度不一样，所以把凸台曲面和曲面槽的加工分开较易安排，控制速度，提高加工效率和保证加工质量。

对于第二层加工，其轮廓是 88×64 的二维矩形，所以可以不必使用三维粗加工，用简单的二维刀具路径开粗和精加工就行了。相对较难的是左边曲面槽的加工，其曲面形状较复杂，有容易发生干涉的地方级，中间的凹下处较小，所以不能用大刀粗加工，大刀粗加工容易留下过多的余量，导致球刀加工时刀具容易磨损；这里可以采用 D6 的刀具进行曲面挖槽粗加工。

对于零件的精加工，中间凸台的形状是锥度曲面和圆角相接的，而锥度曲面占的比例较大，所以可以选择等高精加工进行精加工。加工完后，若是圆角的表面过于粗糙，可以再用流线精加工进行补精加工，保证零件的加工质量。对于凸台内的凹槽曲面，其形状由两层组成，一层是直壁，另一层是锥度曲面，但上下有个圆角，对于这种类型的曲面精加工，最好直壁先用平底刀进行精加工，再用等高精加工/平刀精加工尖角再下一点，因为球刀是不能加工到尖角处的。上面的圆角可以选择流线精加工进行加工，下面的锥度及圆角可以用等高精加工进行加工。这里还有一点要注意的是，凹槽底面也是一个尖角，用平底铣刀光底后，仍然会留下余量，需要用球刀进一步进行去除。

对于左边曲面凹槽的精加工，可以选择 D8R4 的球刀，选择流线精加工或平行线精加工。其速度不要过快，因为上一步的粗加工中，虽然刀具选择较小的 D6 平刀进行精加工，但仍然会留下过多的余量，加工速度过快，则加工表面就会很粗糙了。

2. 零件夹具选择

根据对零件图纸的分析，零件毛坯形状是 100×80×30 的方块，形状较规则，尺寸不大，所以可以选择通用的台虎钳进行加工。加工完一面后，其底部外形同样是 98×78×10 的方形体，属于较规则形状，选择台虎钳可以满足加工要求。

3. 刀具清单

从标题栏中可以看出，此零件的加工材料为铝合金，其材料较软，所以适合选择高速钢的材料完成加工。

表 15-3　　　　　　　　　　　　　　刀具清单

产品名称		考证零件	零件图号		P7-1		
序号	刀号	刀具规格名称	刀柄型号	伸出刀长	刀具材料及结构	备注
1	T1	$\phi16$ 平底铣刀	BT40-C32-105L	26	HSS 高速钢	粗加工
2	T2	A 型 2.5 中心钻	BT40-APU16	10	高速钢	精加工
3	T3	$\phi7$ 钻头	BT40-APU16	15	高速钢	
4	T4	$\phi10$ 平底铣刀	BT40-ER32-70L	16	高速钢	
5	T5	$\phi6$ 平底铣刀	BT40-ER32-70L	18	高速钢	
6	T6	$\phi6R3$ 球刀	BT40-ER32-70L	18	高速钢	
7	T7	$\phi8$ 倒角刀	BT40-ER32-70L	20	高速钢	倒角

4. 工艺安排

经过前面几个阶段的学习，此零件的工艺安排已经难不倒同学们了。根据图纸的分析可以知道此零件的基准在于底面，所以应该先完成底面加工，再完成正面加工其工艺安排见如表 15-4 所示。

表 15-4　　　　　　　　　　　　　　工艺安排

序号	工序名称	加工内容
1	基准底面加工	底平面、外形、3×$\phi7$ 孔
2	正面加工	正面平面、凸台曲面及凸台内凹槽曲面、左边开放曲面槽、88×64 外形

■ 任务实施三　制定凸台曲面、凸台内凹槽曲面、开放曲面槽的粗加工

同学们现在对于一些简单的二维刀具路径设置及加工，已经很熟练了。在这里，我们一起讨论三个复杂的曲面加工。

一、粗加工刀具参数设置

1. 加工边界设定

执行 C绘图 — C曲面曲线 — E所有边界 — S实体 — F实体面　Y/S实体主体N—拾取需要设为加工边界的实体表面—D执行 — D执行 — D执行命令，其结果如表 15-5 所示。但要注意，有时并不是拾取出来就是好的，很多时候还必须经过处理才可以。

表 15-5 加工边界设定

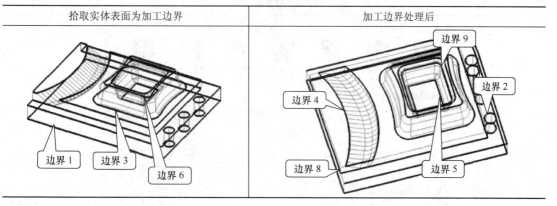

拾取实体表面为加工边界	加工边界处理后

2. 凸台曲面的整体粗加工

按几次 ESC 键，返回到主功能表，然后单击 **I 刀具路径**—**U 曲面加工**—**R 粗加工**—**K 挖槽粗加工**—**S 实体**—**E 实体面** **N/S 实体主体 Y**—选取实体为加工面—**D 执行**—**D 执行**，弹出对话框—其参数设置如表 15-6 所示，最后单击确定。

表 15-6 凸台曲面的整体粗加工参数设置

曲面加工参数

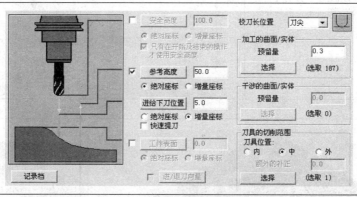

粗加工参数

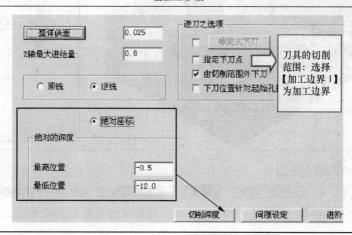

续表

挖槽参数

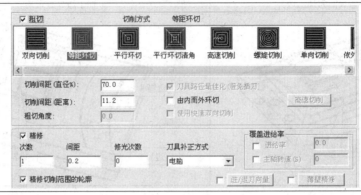

修剪凹槽部分刀具路径

在刀具操作管理里，单击刚才的刀具路径：【右键】—【刀具路径】—【路径修剪】—C串连——串连加工边界 5 或加工边界 8—D执行——点击凸台曲面外的任何一点，弹出对话框，如右图所示，然后单击【确定】按钮

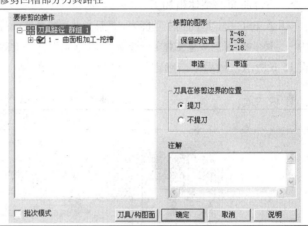

最后结果

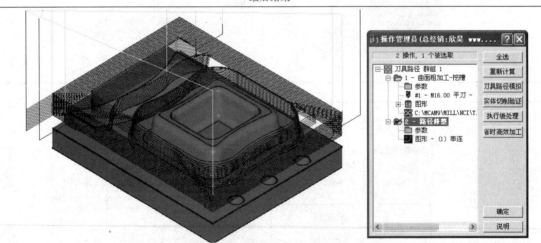

3. 凸台曲面内凹槽曲面加工

在刀具路径功能下单击U 曲面加工——R粗加工——K挖槽粗加工——S实体——F实体面 N/S实体主体Y——选取实体为加工面—D执行—D执行；弹出对话框，其参数设置如表 15-7 所示，最后单击确定。

表 15-7　　　　　　　　　　　　　内凹槽曲面加工参数设置

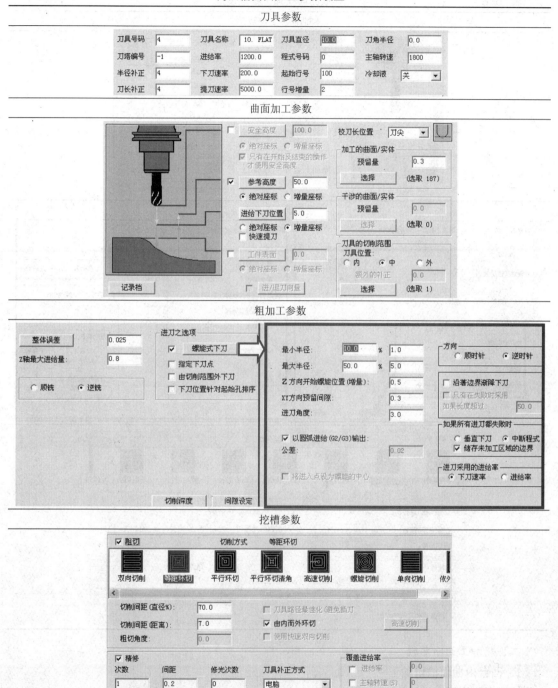

4．开放曲面槽加工

在刀具路径功能下单击 U 曲面加工 — R 粗加工 — K 挖槽粗加工 — S 实体 — E 实体面 N/S 实体主体 Y — 选取实体为加工面 — D 执行 — D 执行，弹出对话框，其参数设置如表 18-8 所示，最后单击确定。

表 15-8　　　　　　　　　　　　　　开放曲面槽加工参数设置

曲面加工参数

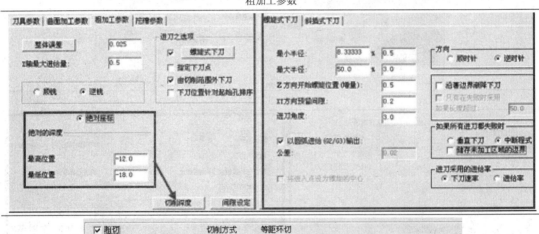

选择加工边界 4 为加工边界

粗加工参数

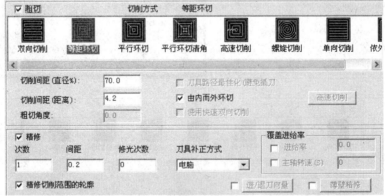

二、精加工曲面参数

1. 凸台内曲面槽精加工

这里要分为四步进行加工。

(1) $\phi 6$ 平刀进行直壁加工,选择外形加工,选择【加工边界 9】为加工边界,加工深度设置为 (0) —(-5) 就可以了。

(2) 进行尖角处精加工。在刀具路径功能下单击 U 曲面加工—F 精加工—C 等高外形—S 实体—F 实体面 N/S 实体主体Y—选取实体为加工面—D 执行—D 执行,弹出对话框,参数设置如表 15-9

所示，最后单击确定。

表 15-9　　　　　　　　　　　精加工曲面参数设置

曲面加工参数
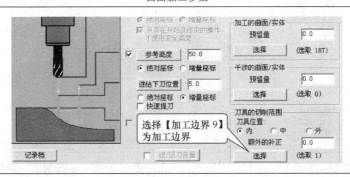
等高外形精加工参数
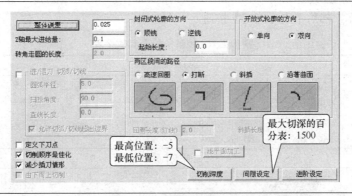
结果
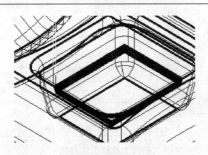

（3）$\phi 6R3$ 精加工凹槽锥度曲面，复制上面的刀具路径，改变参数如表 15-10 所示。

表 15-10　　　　　　　$\phi 6R3$ 精加工凹槽锥度曲面参数设置

刀具参数								
刀具号码	6	刀具名称	6. BALL	刀具直径	6.0	刀角半径	3.0	
刀塔编号	-1	进给率	1000.0	程式号码	0	主轴转速	5000	
半径补正	6	下刀速率	200.0	起始行号	100	冷却液	关	
刀长补正	6	提刀速率	5000.0	行号增量	2			

续表

等高外形精加工参数

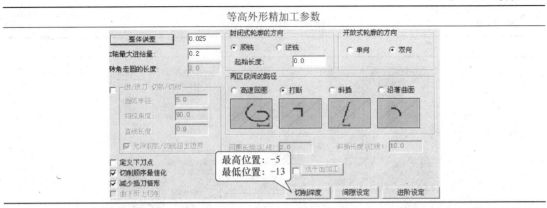

（4）精加工 R2 倒圆角曲面。在刀具功能下，单击**U 曲面加工**—**F 精加工**—**F 流线加工**—**S 实体**—**F 实体面 Y**、**S 实体主体N**选择所有相连的 R2 圆角曲面—**D 执行**—**D 执行**，弹出对话框，设置参数如表 15-11 所示，然后单击【确定】按钮。

表 15-11　　　　　　　　　精加工 R2 倒圆角曲面参数设置

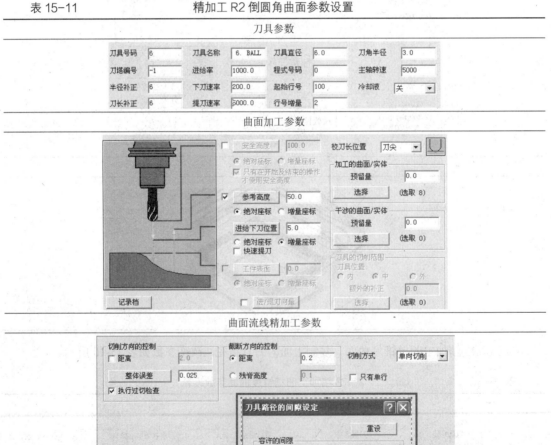

续表

出现设置对话框，点击【切削方向】，改变其流线方向为顺着 X、Y 方向；—<u>D 执行</u>—结果如下：

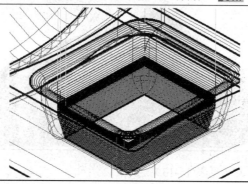

2．凸台曲面精加工

同样选择曲面精加工中的等高外形精加工，加工参数和加工凹槽锥度曲面一样，只是在深度上改为最高位置为 0，最低位置为-12。选择加工边界 3 为加工边界。刀具路径出来后，连同凹槽内都会有刀具路径，需要和粗加工一样进行修剪。

3．开放曲面槽精加工

在刀具路径功能下，单击<u>U 曲面加工</u>—<u>F 精加工</u>—<u>P 平行铣削</u>—<u>S 实体</u>—<u>E 实体面</u> <u>N/S 实体主体 Y</u>—选择实体为加工面—<u>D 执行</u>—<u>D 执行</u>，弹出对话框，参数设置如表 15-12 所示。

表 15-12 凸台曲面精加工参数设置

曲面加工参数

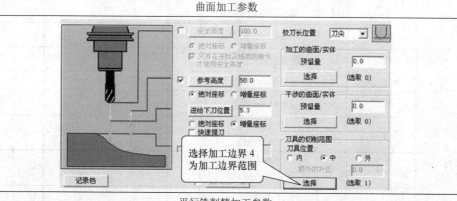

平行铣削精加工参数

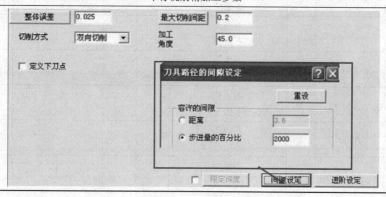

续表

结果

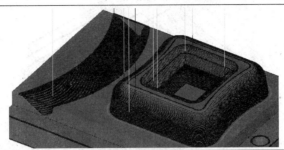

4. 考证零件检测分析表（见表 15-13）

表 15-13　　　　　　　　考证零件检测分析表

工件编号						总得分					
序号	考核项目	技术要求	配分	评分标准	检测结果	自我得分	原因分析		小组检测	小组评分	教师核查
1	手机壳上盖尺寸要求	98 ± 0.02	4	超 0.01mm 扣 2 分							
2		58 ± 0.02	4	超 0.01mm 扣 2 分							
3		50 ± 0.05	2	超 0.01mm 扣 2 分							
4		40 ± 0.05	2	超 0.01mm 扣 2 分							
5		$12^{+0.04}_{0}$	4	超 0.01mm 扣 2 分							
6		$5^{+0.05}_{0}$	4	超 0.01mm 扣 2 分							
7		$61^{0}_{-0.04}$	4	超 0.01mm 扣 2 分							
8		$49^{0}_{-0.04}$	4	超 0.01mm 扣 2 分							
9		36 ± 0.03	4	超 0.01mm 扣 2 分							
10		$52^{+0.04}_{0}$	4	超 0.01mm 扣 2 分							
11		$SR34$	1	不成形不给分							
12		$R4$	1	不成形不给分							
13		$R3$（两处）	2	不成形不给分							
14		$R0.5$	1	不成形不给分							
15		$SR8$	1	不成形不给分							
16		$SR3$	1	不成形不给分							
17		$R200$	1	不成形不给分							
18		$R1$	1	不成形不给分							

续表

序号	考核项目	技术要求	配分	评分标准	检测结果	自我得分	原因分析	小组检测	小组评分	教师核查
	工件编号					总得分				
19	形位公差	平行度	2	超差 0.01 扣 1 分						
20		垂直度	2	超差 0.01 扣 1 分						
21	粗糙度	$Ra3.2\mu m$	4	每降一级一处 扣 2 分						
22		98 ± 0.03	4	超 0.01mm 扣 2 分						
23		58 ± 0.03	4	超 0.01mm 扣 2 分						
24		$57_{-0.06}^{0}$	4	超 0.01mm 扣 2 分						
25		4 ± 0.03	2	超 0.01mm 扣 2 分						
26		$52_{-0.06}^{0}$	4	超 0.01mm 扣 2 分						
27		40 ± 0.03	2	超 0.01mm 扣 2 分						
28	手机壳下盖尺寸要求	11 ± 0.03	4	超 0.01mm 扣 2 分						
29		$39_{-0.06}^{0}$	4	超 0.01mm 扣 2 分						
30		4 ± 0.03	2	超 0.01mm 扣 2 分						
31		25 ± 0.04	4	超 0.01mm 扣 2 分						
32		$R3$（两处）	2	不成形 不给分						
33		$R4$	1	不成形 不给分						
34		$R5$	1	不成形 不给分						
35		$R40$	1	不成形 不给分						
36	形位公差	平行度	2	超差 0.01 扣 1 分						
37		垂直度	2	超差 0.01 扣 1 分						
38	粗糙度	$Ra3.2\mu m$	4	每降一级一处 扣 2 分						
39	装配	配合	8	能插销并自由滑动 不匹配 不给分						
40	安全、文明生产			不按操作规程、有重大失误或撞刀扣 5～20 分						
	评分员			检测员			校核员			

任务考核

请对照任务考核表（见表 15-14）评价完成任务结果。

表 15-14　　　　　　　　　　任务考核

课程名称	数控铣工工艺与技能		任务名称	考证零件训练	
学生姓名			工作小组		
评分内容		分值	自我评分	小组评分	教师评分	得分
任务质量	独立完成零件图的绘制	10				
	独立完成工艺的分析	5				
	独立完成刀具路径的设置	5				
	独立完成反面对刀	10				
	完成零件的加工	30				
团结协作		10				
劳动态度		10				
安全意识		20				
权　　重			20%	30%	50%	
总体评价	个人评语：					
	教师评语：					

相关知识

■ 相关知识　中级工技能鉴定的基本要求

1．职业道德

2．职业道德基本知识

3．职业守则

（1）遵守国家法律、法规和有关规定。

（2）具有高度的责任心、爱岗敬业、团结合作。

（3）严格执行相关标准、工作程序与规范、工艺文件和安全操作规程。

（4）学习新知识新技能、勇于开拓和创新。

（5）爱护设备、系统及工具、夹具、量具。

（6）着装整洁，符合规定；保持工作环境清洁有序，文明生产。

4．基础知识

4.1 基础理论知识

（1）机械制图。

（2）工程材料及金属热处理知识。

（3）机电控制知识。

（4）计算机基础知识。

（5）专业英语基础。

4.2 机械加工基础知识

（1）机械原理。

（2）常用设备知识（分类、用途、基本结构及维护保养方法）。

（3）常用金属切削刀具知识。

（4）典型零件加工工艺。

（5）设备润滑和冷却液的使用方法。

（6）工具、夹具、量具的使用与维护知识。

（7）铣工、镗工基本操作知识。

4.3 安全文明生产与环境保护知识

（1）安全操作与劳动保护知识。

（2）文明生产知识。

（3）环境保护知识。

4.4 质量管理知识

（1）企业的质量方针。

（2）岗位质量要求。

（3）岗位质量保证措施与责任。

5．相关法律、法规知识

（1）劳动法的相关知识。

（2）环境保护法的相关知识。

（3）知识产权保护法的相关知识。

6．工作要求（见表 15-15）

表 15-15　　　　　　　　　　工作要求

职业功能	工作内容	技 能 要 求	相 关 知 识
一、加工准备	（一）读图与绘图	1. 能读懂中等复杂程度（如：凸轮、壳体、板状、支架）的零件图 2. 能绘制有沟槽、台阶、斜面、曲面的简单零件图 3. 能读懂分度头尾架、弹簧夹头套筒、可转位铣刀结构等简单机构装配图	1. 复杂零件的表达方法 2. 简单零件图的画法 3. 零件三视图、局部视图和剖视图的画法
	（二）制定加工工艺	1. 能读懂复杂零件的铣削加工工艺文件 2. 能编制由直线、圆弧等构成的二维轮廓零件的铣削加工工艺文件	1. 数控加工工艺知识 2. 数控加工工艺文件的制定方法
	（三）零件定位与装夹	1. 能使用铣削加工常用夹具（如压板、虎钳、平口钳等）装夹零件 2. 能够选择定位基准，并找正零件	1. 常用夹具的使用方法 2. 定位与夹紧的原理和方法 3. 零件找正的方法

续表

职业功能	工作内容	技 能 要 求	相 关 知 识
一、加工准备	（四）刀具准备	1．能够根据数控加工工艺文件选择、安装和调整数控铣床常用刀具 2．能根据数控铣床特性、零件材料、加工精度、工作效率等选择刀具和刀具几何参数，并确定数控加工需要的切削参数和切削用量 3．能够利用数控铣床的功能，借助通用量具或对刀仪测量刀具的半径及长度 4．能选择、安装和使用刀柄 5．能够刃磨常用刀具	1．金属切削与刀具磨损知识 2．数控铣床常用刀具的种类、结构、材料和特点 3．数控铣床、零件材料、加工精度和工作效率对刀具的要求 4．刀具长度补偿、半径补偿等刀具参数的设置知识 5．刀柄的分类和使用方法 6．刀具刃磨的方法
二、数控编程	（一）手工编程	1．能编制由直线、圆弧组成的二维轮廓数控加工程序 2．能够运用固定循环、子程序进行零件的加工程序编制	1．数控编程知识 2．直线插补和圆弧插补的原理 3．节点的计算方法
	（二）计算机辅助编程	1．能够使用 CAD/CAM 软件绘制简单零件图 2．能够利用 CAD/CAM 软件完成简单平面轮廓的铣削程序	1．CAD/CAM 软件的使用方法 2．平面轮廓的绘图与加工代码生成方法
三、数控铣床操作	（一）操作面板	1．能够按照操作规程起动及停止机床 2．能使用操作面板上的常用功能键（如回零、手动、MDI、修调等）	1．数控铣床操作说明书 2．数控铣床操作面板的使用方法
	（二）程序输入与编辑	1．能够通过各种途径（如 DNC、网络）输入加工程序 2．能够通过操作面板输入和编辑加工程序	1．数控加工程序的输入方法 2．数控加工程序的编辑方法
	（三）对刀	1．能进行对刀并确定相关坐标系 2．能设置刀具参数	1．对刀的方法 2．坐标系的知识 3．建立刀具参数表或文件的方法
	（四）程序调试与运行	能够进行程序检验、单步执行、空运行并完成零件试切	程序调试的方法
	（五）参数设置	能够通过操作面板输入有关参数	数控系统中相关参数的输入方法
四、零件加工	（一）平面加工	能够运用数控加工程序进行平面、垂直面、斜面、阶梯面等的铣削加工，并达到如下要求： （1）尺寸公差等级达 IT7 级 （2）形位公差等级达 IT8 级 （3）表面粗糙度达 $Ra3.2\mu m$	1．平面铣削的基本知识 2．刀具端刃的切削特点
	（二）轮廓加工	能够运用数控加工程序进行由直线、圆弧组成的平面轮廓铣削加工，并达到如下要求： （1）尺寸公差等级达 IT8 （2）形位公差等级达 IT8 级 （3）表面粗糙度达 $Ra3.2\mu m$	1．平面轮廓铣削的基本知识 2．刀具侧刃的切削特点
	（三）曲面加工	能够运用数控加工程序进行圆锥面、圆柱面等简单曲面的铣削加工，并达到如下要求： （1）尺寸公差等级达 IT8 （2）形位公差等级达 IT8 级 （3）表面粗糙度达 $Ra3.2\mu m$	1．曲面铣削的基本知识 2．球头刀具的切削特点
	（四）孔类加工	能够运用数控加工程序进行孔加工，并达到如下要求： （1）尺寸公差等级达 IT7 （2）形位公差等级达 IT8 级 （3）表面粗糙度达 $Ra3.2\mu m$	麻花钻、扩孔钻、丝锥、镗刀及铰刀的加工方法

续表

职业功能	工作内容	技 能 要 求	相 关 知 识
四、零件加工	（五）槽类加工	能够运用数控加工程序进行槽、键槽的加工，并达到如下要求： （1）尺寸公差等级达 IT8 （2）形位公差等级达 IT8 级 （3）表面粗糙度达 $Ra3.2\mu m$	槽、键槽的加工方法
	（六）精度检验	能够使用常用量具进行零件的精度检验	1. 常用量具的使用方法 2. 零件精度检验及测量方法
五、维护与故障诊断	（一）机床日常维护	能够根据说明书完成数控铣床的定期及不定期维护保养，包括：机械、电、气、液压、数控系统检查和日常保养等	1. 数控铣床说明书 2. 数控铣床日常保养方法 3. 数控铣床操作规程 4. 数控系统（进口、国产数控系统）说明书
	（二）机床故障诊断	1. 能读懂数控系统的报警信息 2. 能发现数控铣床的一般故障	1. 数控系统的报警信息 2. 机床的故障诊断方法
	（三）机床精度检查	能进行机床水平的检查	1. 水平仪的使用方法 2. 机床垫铁的调整方法

知识拓展

■ 知识拓展一　加工零件

根据图 15-2 所示的零件图进行工艺分析，并加工零件。

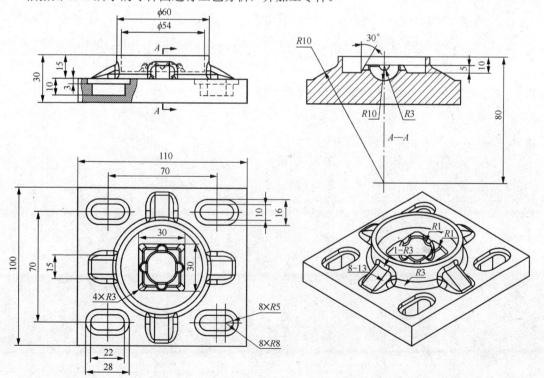

图 15-2　拓展训练零件图 1

■ 知识拓展二　加工零件

根据图 15-3 所示的零件图，进行工艺分析，并加工零件。

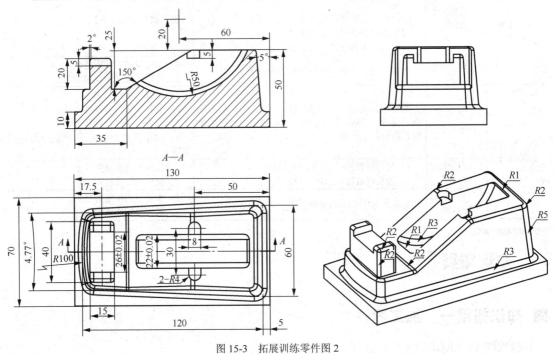

图 15-3　拓展训练零件图 2